西北工业大学精品学术著作培育项目资助出版

材料与结构表面疲劳强化及寿命评估

闫五柱　刘　军　耿小亮　朱胜利
李　振　霍世慧　张志远　龙　旭　著

国防工业出版社

·北京·

内容简介

本书运用有限元模型和相关试验技术研究典型飞机结构的表面疲劳强化与寿命评估,内容涉及疲劳裂纹形核及扩展机理、疲劳强化技术以及疲劳寿命预报等。本书可以使读者了解目前国内外疲劳强化与寿命评估等方面的研究方法和试验技术,真正理解疲劳裂纹形核及扩展机理的实质。

本书可为研究飞机关键结构损伤容限和耐久性设计的人员提供重要理论支持和参考依据。

图书在版编目(CIP)数据

材料与结构表面疲劳强化及寿命评估 / 闫五柱等著.
北京:国防工业出版社,2024.10. -- ISBN 978-7-118-13419-3

Ⅰ.V215.5

中国国家版本馆 CIP 数据核字第 2024DC7969 号

※

国防工业出版社出版发行
(北京市海淀区紫竹院南路23号 邮政编码100048)
三河市天利华印刷装订有限公司印刷
新华书店经售

*

开本 710×1000 1/16 印张 11 字数 204 千字
2024年10月第1版第1次印刷 印数 1—1500 册 定价 78.00 元

(本书如有印装错误,我社负责调换)

国防书店:(010)88540777   书店传真:(010)88540776
发行业务:(010)88540717   发行传真:(010)88540762

前　言

近年来,随着军用、民用飞机等向高速、大型化发展,由于其内部机械零构件的服役条件越来越恶劣,重大疲劳失效事故层出不穷,因此对飞机关键主承力构件提出了高承载、长寿命、高可靠使用、抗恶劣环境等要求,发展方向将越来越注重提高其使用的可靠性和经济性,即在满足结构强度要求的前提下提高安全性和寿命,这种情况更刺激了疲劳研究的迅速发展。飞机关键部件的疲劳设计,已成为其结构可靠性的关键,而典型飞机结构的疲劳裂纹形核、扩展机理及多轴疲劳寿命预报对结构损伤容限和耐久性设计的研究至关重要。

本书内容是作者近年来在飞机典型结构表面疲劳强化和寿命评估等相关试验验证领域中探索和实践取得的一些成果汇总。本书紧贴工程实际,具有较高的工程应用价值。全书共分为10章:第1章为绪论,介绍了疲劳问题的起源和发展历程,以及影响结构疲劳性能的主要因素;第2章对疲劳裂纹形核机制进行了数值研究,采用晶体塑性理论揭示了疲劳裂纹形核机制及其扩展规律;第3~第6章分别对表面喷丸、冷挤压、压印和激光冲击强化技术开展了数值仿真和试验验证,对其疲劳强化效果进行了量化评估;第7章对搭接孔的疲劳进行了研究,分析了不同搭接斜度下结构件的疲劳寿命和应力分布情况;第8章对疲劳裂纹尖端参数进行了分析,研究了不同裂纹尺寸及应力比对裂尖参数的影响;第9章采用疲劳裂纹双参数模型对典型开孔件进行了疲劳裂纹扩展分析;第10章介绍了多轴疲劳寿命理论,并采用多轴疲劳寿命预报模型对双犬骨试件、斜搭接结构件紧固孔和冷挤压孔开展了多轴疲劳寿命的预测。

本书重点是从疲劳裂纹萌生微观机理出发,研究了几种典型的疲劳强化技术及其疲劳强化效果,最终提出疲劳裂纹扩展双参数模型与多轴疲劳寿命预报模型。本书采用的"微观机制—宏观分析—方法模型"的研究思路有助于深刻理解疲劳裂纹形核及扩展机制,相关研究成果可应用于飞机关键结构的疲劳寿命预报,为飞机关键结构损伤容限和耐久性设计提供重要理论支持和参考依据。

本书所依托的科研成果得到国家自然科学基金(项目编号:51905432、50805118)、航空科学基金(项目编号:2016ZD53036)和陕西省自然科学基础研究计划(项目编号:2018JQ1030)的支持。在相关科研项目的完成过程中,作者特别感谢高行山教授、岳珠峰教授、张嘉振教授、周振功教授等的悉心指导与帮助,感谢刘军副教授、王富生副教授、温世峰讲师和王佩艳讲师以及康建雄、元辛、王晓森、张志远等在科研上和生活上给予作者极大的支持和帮助,还要感谢很多未提及的曾给予作者帮助的人。

本书的完成还得到中国商用飞机有限责任公司等单位的有关领导和工程技术人员的大力支持,在此一并表示感谢。

由于作者水平有限,书中不妥之处在所难免,希望读者批评指正。

闫五柱

2023 年 9 月 3 日

目 录

第1章 绪论 ··· 1

1.1 疲劳问题的起源及发展历程 ··· 1
1.2 影响结构疲劳性能的主要因素 ·· 2
    1.2.1 材料静强度的影响 ··· 2
    1.2.2 载荷谱的影响 ·· 3
    1.2.3 应力集中的影响 ··· 3
    1.2.4 试件尺寸的影响 ··· 4
    1.2.5 残余应力及表面强化的影响 ······································ 4
1.3 研究疲劳问题的背景和意义 ··· 5
1.4 小结 ··· 6
参考文献 ·· 6

第2章 疲劳裂纹形核机制及数值模拟 ·· 12

2.1 疲劳裂纹 ·· 12
2.2 疲劳裂纹形核机制 ··· 13
2.3 疲劳裂纹萌生微观机制的数值模拟 ····································· 14
    2.3.1 晶体塑性本构 ·· 14
    2.3.2 有限元模型 ··· 16
    2.3.3 模拟结果与分析 ··· 20
2.4 小结 ··· 26
参考文献 ·· 26

第3章 表面喷丸强化 ··· 30

3.1 喷丸强化工艺 ·· 30
    3.1.1 喷丸强化机制 ·· 30

V

3.1.2　喷丸强化工艺过程 ………………………………………………… 31
3.2　表面粗糙度对喷丸残余应力场的影响 ………………………………… 31
　　3.2.1　有限元模型 …………………………………………………… 31
　　3.2.2　残余应力分布特征 …………………………………………… 33
　　3.2.3　表面粗糙度对喷丸残余应力的影响 ………………………… 33
　　3.2.4　考虑表面粗糙度时弹丸尺寸对残余应力的影响 …………… 34
　　3.2.5　考虑表面粗糙度时喷丸速度对残余应力的影响 …………… 35
3.3　喷丸过程中的能量转化和残余应力场 ………………………………… 37
　　3.3.1　喷丸过程中的能量转化 ……………………………………… 37
　　3.3.2　有限元模型 …………………………………………………… 39
　　3.3.3　模型验证 ……………………………………………………… 39
　　3.3.4　靶材力学性能的影响 ………………………………………… 40
　　3.3.5　弹丸速度的影响 ……………………………………………… 43
3.4　摩擦系数对喷丸中残余应力场的影响 ………………………………… 44
　　3.4.1　有限元模型 …………………………………………………… 44
　　3.4.2　能量守恒 ……………………………………………………… 45
　　3.4.3　摩擦系数对喷丸摩擦耗散能的影响 ………………………… 46
　　3.4.4　摩擦系数对变形能的影响 …………………………………… 46
　　3.4.5　摩擦系数对喷丸残余应力分布的影响 ……………………… 47
3.5　疲劳寿命试验 …………………………………………………………… 49
　　3.5.1　疲劳寿命试验设置 …………………………………………… 49
　　3.5.2　疲劳寿命试验数据对比分析 ………………………………… 50
　　3.5.3　疲劳断口分析 ………………………………………………… 53
3.6　小结 ……………………………………………………………………… 53
参考文献 ………………………………………………………………………… 54

第4章　表面冷挤压强化 ……………………………………………………… 56

4.1　冷挤压工艺 ……………………………………………………………… 56
　　4.1.1　开缝衬套冷挤压工艺 ………………………………………… 56
　　4.1.2　压合衬套冷挤压工艺 ………………………………………… 57
　　4.1.3　残余应力均匀化工艺 ………………………………………… 59
4.2　开缝衬套冷挤压有限元分析 …………………………………………… 62
　　4.2.1　冷挤压孔板残余应力场数学模型 …………………………… 62
　　4.2.2　有限元模型 …………………………………………………… 63
　　4.2.3　环向应力分布 ………………………………………………… 65

- 4.2.4 孔周应力分布 … 66
- 4.3 压合衬套冷挤压有限元分析 … 67
  - 4.3.1 材料模型与参数 … 68
  - 4.3.2 有限元模型 … 69
  - 4.3.3 残余应力分布特征 … 70
  - 4.3.4 周向残余应力的影响因素 … 71
  - 4.3.5 疲劳寿命预估 … 74
- 4.4 残余应力均匀化工艺的有限元分析 … 77
  - 4.4.1 带斜度衬套冷挤压 … 77
  - 4.4.2 双向冷挤压 … 83
- 4.5 疲劳寿命试验 … 88
  - 4.5.1 疲劳寿命试验设置 … 88
  - 4.5.2 疲劳寿命试验结果 … 88
  - 4.5.3 疲劳断口分析 … 89
  - 4.5.4 疲劳裂纹扩展 … 90
- 4.6 小结 … 92
- 参考文献 … 92

第5章 表面压印强化

- 5.1 压印强化工艺 … 95
- 5.2 有限元分析 … 96
  - 5.2.1 材料属性及压印参数 … 96
  - 5.2.2 有限元模型 … 96
  - 5.2.3 有限元结果分析 … 97
- 5.3 疲劳寿命试验 … 101
  - 5.3.1 疲劳寿命试验设置 … 101
  - 5.3.2 疲劳寿命试验结果 … 101
- 5.4 小结 … 102

第6章 激光冲击强化

- 6.1 激光冲击强化工艺 … 104
- 6.2 有限元模型 … 105
  - 6.2.1 焊接导管的几何尺寸 … 105
  - 6.2.2 焊接过程的有限元模拟 … 105
  - 6.2.3 激光冲击强化过程的有限元模拟 … 108

- 6.3 有限元结果分析 ··· 111
  - 6.3.1 研究路径的选取 ·· 112
  - 6.3.2 残余应力分布 ··· 112
  - 6.3.3 强化后的变形情况 ·· 114
  - 6.3.4 冲击压力的影响 ·· 115
- 6.4 小结 ·· 116
- 参考文献 ··· 117

第7章 搭接件紧固孔的疲劳 ··· 119

- 7.1 搭接件疲劳寿命试验 ·· 119
- 7.2 疲劳寿命试验结果分析 ··· 120
  - 7.2.1 疲劳寿命 ··· 120
  - 7.2.2 疲劳断口分析 ··· 121
- 7.3 有限元模型 ·· 123
  - 7.3.1 模型建立 ··· 123
  - 7.3.2 模型验证 ··· 123
- 7.4 有限元结果分析 ··· 124
  - 7.4.1 钉排数的影响 ··· 124
  - 7.4.2 载荷传递 ··· 125
  - 7.4.3 搭接件应力分布 ·· 125
  - 7.4.4 孔周应力分布 ··· 126
  - 7.4.5 沉头铆钉表面接触压力分布 ·· 130
- 7.5 小结 ·· 131
- 参考文献 ··· 131

第8章 疲劳裂纹尖端参数分析 ··· 133

- 8.1 引言 ·· 133
- 8.2 有限元模型 ·· 133
- 8.3 有限元结果分析 ··· 136
  - 8.3.1 裂尖应力场分布 ·· 136
  - 8.3.2 裂尖塑性应变分布 ·· 139
  - 8.3.3 裂尖面张开位移 ·· 140
  - 8.3.4 应力强度因子和应力比的影响 ·· 142
- 8.4 小结 ·· 144
- 参考文献 ··· 144

第9章 疲劳裂纹扩展双参数模型及试验分析 … 145

- 9.1 疲劳裂纹扩展双参数模型 … 145
- 9.2 开孔件疲劳裂纹扩展试验 … 146
  - 9.2.1 材料参数 … 146
  - 9.2.2 试件与试验装置 … 147
  - 9.2.3 试验结果分析 … 147
- 9.3 开孔件疲劳裂纹扩展分析 … 148
- 9.4 小结 … 150
- 参考文献 … 150

第10章 多轴疲劳寿命模型及应用 … 152

- 10.1 多轴疲劳寿命预报模型 … 152
  - 10.1.1 多轴疲劳理论发展历程 … 152
  - 10.1.2 SWT模型 … 154
  - 10.1.3 W-B模型 … 155
  - 10.1.4 确定临界平面的数值计算方法 … 155
- 10.2 双犬骨试件多轴疲劳寿命预测 … 156
  - 10.2.1 疲劳寿命预测 … 156
  - 10.2.2 疲劳寿命结果分析 … 157
- 10.3 斜搭接结构紧固孔疲劳寿命预测 … 159
  - 10.3.1 疲劳寿命预测 … 159
  - 10.3.2 疲劳寿命预测结果 … 159
- 10.4 冷挤压孔多轴疲劳寿命预测 … 160
  - 10.4.1 疲劳寿命试验 … 161
  - 10.4.2 多轴疲劳寿命预测 … 162
- 10.5 小结 … 163
- 参考文献 … 164

第1章 绪 论

1.1 疲劳问题的起源及发展历程

随着工程技术的发展,人们对各类构件及零部件的强度设计要求日益提高。金属材料的疲劳问题因其不可预测性和高破坏性得到人们的重视。在工程实际中,结构的失效以疲劳断裂的危害最大。20世纪80年代,海洋石油平台因焊缝疲劳失效造成倒塌的现象频繁出现。1986年,日本航空公司发生了大型客机波音747坠毁事件[1]。21世纪以来,人们发现传统的强度设计已经无法满足其对工程的需求[2]。在工程实践中,人们对疲劳与断裂引起的失效问题越来越重视[3]。

根据研究对象和着眼点的不同,可以对疲劳进行不同的分类。一般情况下,材料和结构是否发生疲劳破坏取决于外部载荷的大小[4]。从微观上看,疲劳裂纹萌生均是由应力集中或存在材料缺陷部位的局部塑性损伤引起的。从宏观上看,当循环应力较低时,材料变形以弹性为主,疲劳寿命较高,称为高周疲劳或应力疲劳;当循环应力较高时,材料变形以塑性为主,疲劳寿命较低,称为低周疲劳或应变疲劳[5-6]。

根据外部载荷和破坏形式的不同,疲劳又可以分以下几种:

机械疲劳——仅由外部载荷和应力循环造成的疲劳失效;

热机械疲劳——循环温度和循环外部载荷共同引起的疲劳失效;

微动疲劳——微动应力和接触面间相对滑动摩擦共同引起的疲劳失效;

蠕变疲劳——循环应力与高温共同引起的疲劳失效;

腐蚀疲劳——循环应力与腐蚀性化学介质共同作用引起的疲劳失效。

结构部件的失效大多数是由发生的上述某一种疲劳过程造成的[6-8]。

疲劳是一个既古老又年轻的研究分支。最初研究的金属疲劳是由德国矿业工程师 Albert 在1829年前后完成的[9-11],他通过一系列的反复加载试验校验矿山升降机铁制链条的可靠性[12-13]。1843年,英国铁路工程师 Rankine 对金属的疲劳断裂特征有了认识,他观察到在机器部件中存在应力集中,对其构建有着危险性[14-15]。1852—1869年,Wohler 系统地研究了金属的疲劳破坏[16-18],从而提出了采用应力寿命曲线($S-N$曲线)描述材料疲劳行为的方法,并提出了"耐久极限"的概念[6-20]。1874年,德国工程师 Gerber 对金属疲劳的设计方法进行了研究,考虑了平均应力的影响并提出了疲劳寿命计算方法[15,21-22]。1910年,Basquin发现在很大的应力范围内,应力与疲劳循环数的双对数呈现线性关系,从而对金属 S-N 曲线的描述提出了经验规律[23]。1937年,Neuber通过对缺口根部区域的研究,发现比起峰值应力,平均应力更能表示其受载的严重程度[15,21]。1945年,在Palmgren相关工作的基础上,Miner提出疲劳线性累计损伤理论[24-26]。

1954年,两架"彗星"号客机相继失事,根据考察,发现疲劳微裂纹产生于方形窗框附近高应力区的紧固孔处,这个考察结论使人们把注意力放在飞机骨架的疲劳强度设计上,并引起了人们对金属低周疲劳的重视[9-24]。1955年,Manson和Coffin共同提出了低周循环应变控制的疲劳特性,即塑性应变幅与疲劳寿命之间的Manson-Coffin关系式,这个关系式在学术界占有重要的地位,使金属低周疲劳的研究发生了从定性到定量的转折[27-29]。

Irwin引用了应力强度因子 K,这已被公认为线弹性断裂力学和疲劳裂纹扩展寿命预测的基础[27,30]。Paris指出疲劳裂纹增长率 da/dN 最好用应力强度因子范围 ΔK 来加以说明[27,31-32]:

$$da/dN = c(\Delta K)^n \tag{1-1}$$

20世纪60年代后期,F-111飞机的失事事件就是因为本来已经有裂纹的零件发生脆性断裂,这些破坏事件及其他疲劳问题构成了20世纪70年代B-1轰炸机研制规划中要求应用断裂力学概念的依据[27,29,31]。美国空军于1975年颁布了MIL-STD-1530A标准,对新型军用飞机的设计规定了损伤容限要求[33-34]。

20世纪70年代,人们提出了疲劳裂纹扩展门槛值 ΔK_{th} 的概念,Linder(1965年)首次从试验中测定了 ΔK_{th}[35-38]。

Elber观察到在载荷大于零时疲劳裂纹闭合现象,并认为是塑性诱发裂纹闭合[39-40]。Suresh对闭合的其他原因进行了研究,特别是腐蚀产物引起的闭合和裂纹表面粗糙度引起的闭合[41-42]。

由于结构件通常在变幅载荷下服役,因此人们对构件裂纹扩展的超载迟滞效应,以及在变幅载荷下 N_p 估算模型[43-58]进行了研究。

1.2 影响结构疲劳性能的主要因素

1.2.1 材料静强度的影响

材料疲劳的宏观力学行为通常用 S-N 曲线表征。当施加的外部载荷小于临界值时,无论循环载荷周次如何增加,材料都不会发生疲劳破坏,这个载荷临界值称为材料或结构的疲劳极限。

疲劳极限与材料静强度之间存在一定的关联性[59]。例如,当钢的抗拉强度低于1100MPa时,其疲劳极限随抗拉强度的提高而增加;而当钢的抗拉强度超过1200MPa时,会出现疲劳极限随抗拉强度的提高而降低的现象。

国内外许多学者采用线性回归的方法对材料疲劳极限和静强度的关系进行了研究,建立了疲劳极限和材料屈服极限、抗拉强度之间的经验关系。然而,由于这些关系只是对疲劳问题的唯象描述,并没有触及材料疲劳破坏的物理本质,因而不具有通用性。

1.2.2 载荷谱的影响

材料和结构疲劳特性一般是通过将标准试件置于对称循环载荷下获得的,然而在工程实际中,材料和结构所承受载荷情况往往十分复杂,有时甚至处于多轴应力状态。影响材料疲劳强度的主要载荷因素包括载荷类型、加载频率、平均应力、载荷波形,以及载荷停歇和持续等[6,60-61]。

载荷类型对疲劳强度的影响一般可以用载荷类型因子来修正[6,61-63],加载频率在一定频率范围内对疲劳强度的影响不大。当疲劳载荷为对称循环载荷时,平均应力为零,当平均应力大于零时,疲劳寿命随平均应力的增大而增加;反之,疲劳寿命降低。在常温无腐蚀环境下,载荷停歇和持续对大多数材料的疲劳强度影响不大[61,64-65]。载荷持续对疲劳强度和疲劳寿命的影响取决于材料的蠕变/松弛性能,由于大多数金属材料具有蠕变/松弛行为但不明显,因此载荷持续使疲劳强度或疲劳寿命有所下降,但不显著[6,20,61,66]。

1.2.3 应力集中的影响

结构缺口或零件变截面处应力-应变增大,这种现象称为应力集中[6,61]。在工程实际中,应力集中是不可避免的,它只能被缓解和削弱。在静强度设计中,由于大多数工程材料为弹塑性材料,因此应力集中对结构静强度的影响往往可以忽略不计。对于结构的疲劳而言,情况有所不同。在循环载荷作用下,当名义应力小于材料屈服应力时,应力集中部位往往已经进入塑性[61,66-67]。因此,应力集中部位的应力状态决定了结构的疲劳寿命[68],结构局部的应力集中严重程度可以用理论应力集中系数来描述[6,63,69-70]:

$$K_T = \frac{\sigma_{\max}}{\sigma_0} \quad (1-2)$$

式中:$\sigma_{\max}$为最大局部弹性应力;σ_0为名义应力。

理论应力集中系数反映了结构局部应力集中的严重程度,却无法描述应力集中对疲劳强度的影响。因此,研究者提出了能够反映缺口对疲劳强度影响的系数-疲劳缺口系数:

$$K_{\mathrm{f}} = \frac{S_{\mathrm{e}}}{S_{\mathrm{N}}} \tag{1-3}$$

式中:S_{e} 为光滑试件的疲劳强度;S_{N} 为缺口试件的疲劳强度。

基于不同的假设,有学者提出了不同的疲劳强度系数模型,然而这些模型目前还不具有通用性,按照其建立的物理基础,可以分为平均应力模型、断裂力学模型和场强法模型三类[6,71-72]。

1.2.4 试件尺寸的影响

人们在疲劳强度试验中发现大尺寸试件的疲劳强度往往比小尺寸试件低。在实际试验中标准试件的直径一般在 6~10mm,与实际尺寸有一定差距,因此应当考虑试件尺寸对疲劳强度的影响。通常用疲劳尺寸系数 ε 来定量描述试件尺寸对疲劳强度的影响程度[73-74]如下:

$$\varepsilon = \frac{S_{\mathrm{L}}}{S_{\mathrm{S}}} \tag{1-4}$$

式中:S_{L}、S_{S} 分别为大尺寸试件和小尺寸试件的疲劳强度。

1.2.5 残余应力及表面强化的影响

一般来说,疲劳裂纹总是起源于表面[75-76]。为了提高疲劳性能,除改善表面粗糙度外,常常用各种方法在构件的应力集中部位表面引入残余压应力(compressive residual stress),以达到提高疲劳寿命的目的[76-79]。在工程实际中,一些重要的零部件广泛采用喷丸、冷挤压等表面形变强化工艺,在材料表层引入残余压应力以促进表层组织强化,改善材料的疲劳性能。残余压应力疲劳强化机制如图 1-1 所示,表面残余压应力导致循环载荷平均应力下降,从而起到疲劳强化的作用[80-81]。

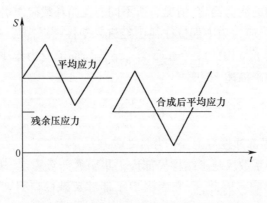

图 1-1 残余压应力使循环平均应力下降

残余应力对疲劳影响的研究早期集中在其对疲劳极限的影响上,预测模型以 Goodman 关系为代表。然而,早期研究所得到的经验关系不具有通用性。这方面的一般研究思路是研究各种表面强化工艺下残余压应力场分布规律,进而定量描述残余压应力对材料疲劳寿命的影响。

对残余应力分布的测量,主要采用物理法和机械法两类。机械法中主要采用便于应用、损伤较小、发展较快的盲孔法[82-84]。物理测量法为无损检测,它包括 X 射线法、超生波法、中子衍射法、光测法(干涉云纹法和激光散斑技术)、电测法等[85-90]。其中,X 射线法研究得最成熟,应用得最普遍、深入[91]。X 射线探测的优点是它不但能测定宏观应力,而且能够测定微观应力,并达到很高的精度[92]。

1.3 研究疲劳问题的背景和意义

近年来,随着机械设备向高速大型化发展,机械零构件的服役条件越来越恶劣,使得重大疲劳失效事故层出不穷,因而对关键的主承力构件提出了高承载、长寿命、高可靠使用、抗恶劣环境等要求,发展方向将越来越注重提高其使用的可靠性和经济性,即在满足结构强度要求的前提下提高安全性和寿命,这刺激了疲劳研究的迅速发展[63,91,93-96]。疲劳设计,已成为提高结构可靠性的关键。

尽管疲劳断裂的研究有一百多年的历史,但疲劳断裂事故仍未得到完全的控制。其主要原因之一是人们过于集中研究简单的单轴疲劳问题,服役在航空航天飞行器、压力容器、核电站、发电厂以及交通运输工具中的各种主要零部件不仅承受简单的单轴疲劳循环载荷作用[97],通常还要承受复杂的多轴循环载荷作用[98-99]。目前,结构抗疲劳设计和寿命分析中广泛应用的单轴疲劳理论已积累了丰富的材料性能数据和使用经验,但由于实际工程结构和设备中的重要结构零部件大多数在复杂的多轴载荷作用下服役,传统的单轴疲劳理论远远满足不了高科技产品强度和寿命等设计方面的需要,因而近年来国际疲劳界对更加符合实际的多轴疲劳研究被普遍重视起来,并已成为疲劳研究的热点[97,100-101]。紧固孔在远场载荷、干涉配合、预紧力和非线性接触等因素的影响下,孔周应力常处于复杂应力状态,传统的单轴疲劳理论已无法适用。将多轴疲劳理论应用于紧固孔的研究目前尚鲜有报道。

在航空领域,铝合金凭借较高的强重比而得到广泛的应用。目前,飞机结构中关键结构和主承力构件所用材料均为硬质铝合金。随着航空技术的发展,飞机的使用性能和可靠性要求越来越高,对这些关键结构的疲劳性能要求也更加突出,而这些关键结构寿命的长短主要取决其重要结构细节,如装配紧固孔、圆角及几何不连续处等[61-102],飞机结构的载荷传递主要依赖结构上的紧固孔(铆钉孔或螺接孔)。紧固孔是飞机构件上典型的应力集中结构细节,在交变载荷作用下极易产生疲劳裂纹,疲劳裂纹源多呈角裂纹形状且沿紧固孔边缘萌生[103-105]。据统计,紧固孔的疲劳开裂是服役飞机中损伤最普遍的形式之一,占总失效率的50%~90%[102,106]。由于一架飞机仅紧固孔就有成千上万个,因此对紧固孔件进行疲劳寿命耐久性评估是很有必要的。在设计、选材和制造过程中,如何尽可能减小紧固孔应力集中的影响,改善飞机结构的抗疲劳性能,延长使用寿命,确保飞机结构的可靠性和安全性,是设计者和材料研究者的重要研究课题[103-105]。提高飞机机体结构的耐久性和疲劳寿命,必须有效控制制造中所形成的孔的表面质量并且改进孔及其连接件的细节设计(如连接方式、表面强化工艺等)。因此,孔的细节设计和工艺方法对孔的寿命的影响就成为一个重要的工程研究内容[77]。

除了细节设计外,表面强化技术是提高飞机结构抗疲劳性能的另一种有效手段。目前较为普遍的强化工艺主要有表面喷丸强化、开孔冷挤压强化、表面滚轧强化等。表面强化的主要原理是在结构应力集中的危险部位引入残余压应力,使局部循环应力水平下调,从而达到增加疲劳强度的目的。另外,表面强化后,材料表面晶粒得到进一步细化,从而延迟了疲劳裂纹的萌生。目前,国内外对表面强化技术的研究大多停留在定性研究阶段,对航空用铝合金的表面强化技术尚未形成统一的工艺规范。

1.4 小　　结

随着工程技术的发展,人们对各类构件及零部件的强度设计要求日益提高。21世纪,传统的强度设计已无法满足工程需求[107]。疲劳与断裂引起的工程失效问题越来越得到人们的重视[108]。近年来,随着机械设备向高速、大型化发展,疲劳设计已成为提升结构可靠性的关键。

本章简单介绍了疲劳问题的起源及发展历程,分析了材料静强度、载荷谱、应力集中、试件尺寸和残余应力及其表面强化等因素对结构疲劳性能的影响,就本书的研究背景和意义做了简单的阐述。

参 考 文 献

[1] 闫美加.喷丸强化对表面含有微孔洞的713Al-Zn合金疲劳性能的影响研究[D].秦皇岛:燕山大学,2017.
[2] 贾楠.圆形料场堆取料机金属结构分析及优化[D].长春:吉林大学,2012.
[3] 郭源齐.功率模块引线键合界面的疲劳断裂特性研究[D].杭州:浙江工业大学,2017.
[4] 张仲国.低碳钢A-TIG新型活性剂及工艺优化研究[D].广州:华南理工大学,2013.
[5] 周鹏.镀层与SnAgCu焊膏的界面反应对焊点可靠性的影响[D].桂林:桂林电子科技大

学,2011.
- [6] 刘芝宾.腐蚀钢绞线疲劳性能试验研究[D].重庆:重庆交通大学,2017.
- [7] 毛健.特大跨钢桁系杆拱桥有关问题研究[D].重庆:重庆交通大学,2009.
- [8] 刘亚良.基于疲劳损伤熵的点焊接头累积损伤评估方法研究[D].大连:大连交通大学,2018.
- [9] 吴富民.结构疲劳强度[M].西安:西北工业大学出版社,1985.
- [10] 傅祥炯.结构疲劳与断裂[M].西安:西北工业大学出版社,1995.
- [11] 徐灏.疲劳强度[M].北京:高等教育出版社,1988.
- [12] 冯晓霞.公路钢桁桥安全性能评估研究[D].北京:北京交通大学,2007.
- [13] 周春良.钢结构塔架的风振疲劳分析[D].武汉:武汉大学,2005.
- [14] 张晨阳.复杂应力下H型钢悬臂构件连接焊缝热点应力分析[D].天津:天津大学,2016.
- [15] 王星.货车驱动桥壳结构强度分析方法研究[D].重庆:重庆交通大学,2008.
- [16] 蒋玉宝.热机载荷下气缸盖蠕变—疲劳损伤研究[D].北京:北京理工大学,2016.
- [17] 吕锋.航空发动机涡轮盘疲劳寿命可靠性研究[D].天津:天津大学,2012.
- [18] 李鹏程.多塔斜拉桥刚度分析[D].重庆:重庆交通大学,2009.
- [19] Suresh S.材料的疲劳[M].王中光,译,2版.北京:国防工业出版社,1999.
- [20] 何颖.钢框架梁柱狗骨式节点受力性能的有限元分析[D].合肥:合肥工业大学,2007.
- [21] 王旭亮.不确定性疲劳寿命预测方法研究[D].南京:南京航空航天大学,2009.
- [22] GERBER H.Bestimmung der zulassigen Spannungen in Eisen-konstruktionen[J].Zeitschrift des Bayerischen Architeckten und Ingenieur-Vereins,1874,6:101-110.
- [23] 田武岭.基于小子样疲劳试验的重载车钩可靠性研究[D].上海:上海交通大学,2012.
- [24] MINER M A.Cumulative damage in fatigue[J].Journal of Applied Mechanics,1945,12(3):159-164.
- [25] PALMGREN A.Die Lebensdauer von Kugellagern[J].Zeitschrift des Vereins Deutscher Ingenieure,1924,68:339-341.
- [26] 范乐.先进高强钢冲压模具的疲劳分析与结构优化[D].长沙:湖南大学,2014.
- [27] 王立东.活塞用新型铝合金和SiC_p/Al复合材料的疲劳行为研究[D].西安:西安工业大学,2006.
- [28] 王晨.柴油机气缸盖热—机械强度有限元分析[D].哈尔滨:哈尔滨工程大学,2010.
- [29] COFFIN L F.A study of the effects of cyclic thermal stresses on a ductile metal[J].Transactions of the American Society of Mechanical Engineers,1954,76:931-950.
- [30] 卢致宇.高强耐热铝合金的热稳定性与疲劳性能研究[D].西安:西安工业大学,2011.
- [31] MANSON S S.Behavior of materials under condition of thermal stress[J].National Advisory Committee for Aeronautics,1954,7(S3/4):661-665.
- [32] PARIS P C,ERDOGAN F.A critical analysis of crack propagation laws[J].Journal of Basic Engineering,1963,85:528-534.
- [33] AIRCRAFT STRUCTURAL INTEGRITY PROGRAM.Airplane Requirements:MIL-STD-1530A [S].Washing ton DC:USAF,1975.

[34] 航空航天工业部科学技术研究院.美国空军损伤容限设计手册[M].西安:西北工业大学出版社,1989.

[35] FROST N E,MARSH K I,POOK L P.Metal Fatigue[M].Oxford:Clarendon Press,1974.

[36] FROST N E. A relation between the critical alternating propagation stress and crack length for mild steel[J].Proc.instn.Mech.Engrs,1959,173(1):811-836.

[37] PARIS P C,BUCCI R J,WESSEL E T,et al.Extensive study of low fatigue crack growth rates in A533 and A508 steels[J].Stress Analysis and Growth of Cracks,Special Technical Publication,1972,513:141-176.

[38] LINDER R M.Extremely Slow Crack Growth Rate in Aluminium Alloy 7075-T6[D].Bethlehem,Pennsylvania:Leigh University,1968.

[39] ELBER W.Fatigue crack closure under cyclic tension[J].Eng,Fract Mech,1970,2:37-45.

[40] ELBER W.Damage Tolerance in Aircraft Structures[J].ASTM STP,1971,486:230-242.

[41] SURESH S,PARKS D M,RITCHIE R O.Crack Tip Oxide Formation and its Influence on Fatigue Thresholds[C]// Backlund J, Blom A F, Beevers C J.Proc Ist Int Symp:Fatigue Thresholds. Warley:EMAS Publ,Ltd,1982:391-408.

[42] SURESH S,RITCHIE R O.A geometric model for fatigue crack closure induced by fracture surface roughness[J].Met Trans A,1982,13:1627-1631.

[43] LINDLEY T C.Croissance des fissures de fatigue sous chargement d'amplitude variable[M]// La Fatigue des materiaux et des structures, 2nd edition revised and expanded. France: Hermes Science Publications,1997:471-506.

[44] JONES R E.Fatigue crack growth retardation after single-cycle peak overload in Ti-6Al-4V titanium alloy[J].Eng Fract Mech,1973,5:585-588.

[45] HUSON C M,RAJU K N.Fatigue-crack growth under simple variable amplitude loading in aluminum alloys:NASA TN D5702[R].[s.1]:1970.

[46] VON EUW E F J,HERTZBERG R W,ROBERTS R.Delay Effects in Fatigue Crack Propagation: ASTM STP513[G].West Conshohocken:ASTM Special Technical Publication,1972.

[47] MCGRAW-HILL.Metal Fatigue[M].London:Cambridge University Press,1959.

[48] KUMAR R,GARG S B L.Effect of periodic single and bands of tensile overloads on fatigue life [C]//The International Conference and Exhibition on Fatigue,Corrosion Cracking Fracture Mechanics and Failure Analysis.Ohio:American Society of Metals,1985.

[49] SHIN C S,HSU S H.On the mechanisms and behaviour of overload retardation in AI-SI 304 stainless steel[J].Int J Fatigue,1993,15(3):181-192.

[50] SCHIJVE J,BROCK D.Crack propagation tests based on a gust spectrum with variable amplitude loading[J].Aircraft Eng,1962,34:314-316.

[51] STEPHENS R I,CHEN D K,HOM B W.Fatigue Crack Growth Under Spectrum Loads:ASTM STP 595[G].West Conshohocken:ASTM Special Technical Publication,1976.

[52] ZUIDEMA J,MENSE P J M,EDWARDS R A H.Environmental dependenceof fatigue crack growth retardation following a single overload in 2024-Al alloy[J].Eng Fract Mech,1987,26

[53] 王荣,郑修麟.周期过载对LY12CZ铝合金腐蚀疲劳裂纹扩展的影响[J].航空学报,1995,16(2):70-74.

[54] YILDIRIM N,VARDAR O.Study of periodic overloads at a fixed overload-ratio[J].Eng Fract Mech,1990,36(1):71-76.

[55] MATSUOKA S,TANAKA K.The retardation phenomenon of fatigue crack growth in HT80 steel[J].Eng Fract Mech,1976,8(3):507-523.

[56] 于兆华.17号车钩、钩尾框疲劳寿命及可靠性分析[D].北京:北京交通大学,2009.

[57] 袁婷婷.Al-Cu合金定向凝固组织热疲劳性能影响因素的研究[D].镇江:江苏大学,2006.

[58] 洪元.大型回转窑支承构件滚动接触应力场和疲劳寿命研究[D].长沙:中南大学,2007.

[59] 温学.基于等承载原则的力学性能不均匀的对接接头抗疲劳设计研究[D].哈尔滨:哈尔滨工业大学,2020.

[60] 陈福玉.航空铆接连接件疲劳寿命研究[D].南京:南京航空航天大学,2011.

[61] 王丹超.2E12高强铝合金板材疲劳寿命的研究[D].秦皇岛:燕山大学,2009.

[62] 王亚北.DP600钢制轮毂疲劳分析[D].沈阳:沈阳理工大学,2015.

[63] 梁旭.金属材料疲劳强度影响因素的研究[D].沈阳:东北大学,2009.

[64] 李莉.机械零件疲劳强度若干问题的研究[D].沈阳:东北大学,2009.

[65] 王育鹏,田文朋,宋鹏飞,等.民机全机疲劳试验综合加速技术研究与验证[J].航空学报,2022,43(5):263-273.

[66] 李惟慷.矿用圆环链传动接触动力学及损伤机制的研究[D].阜新:辽宁工程技术大学,2012.

[67] 张强,付云飞,聂国强.动载荷下的V锁式接链环力学特性研究[J].机械设计,2013,30(11):13-16.

[68] 肖超.半轴套管装配工艺参数对胀压成形桥壳强度刚度及疲劳寿命的影响[D].秦皇岛:燕山大学,2015.

[69] 张龙.局部塑性变形对6061铝合金高周疲劳性能影响的研究[D].大连:大连交通大学,2013.

[70] 吕凯波.液压支架主体结构件的疲劳分析及其寿命预测的研究[D].太原:太原理工大学,2008.

[71] 周渝庆.镁合金车轮疲劳寿命预测与优化设计[D].重庆:重庆大学,2008.

[72] 杜壮.桥式起重机主梁焊接结构寿命预测的研究[D].石家庄:河北科技大学,2010.

[73] 代景安.金属薄板材料超声弯曲疲劳试验研究[D].成都:西南交通大学,2012.

[74] 白卫卫.钢轨螺栓结构优化设计及疲劳特性研究[D].天津:天津科技大学,2005.

[75] 谢春英,刘敏,朱凯.铝合金化学铣切疲劳性能[J].腐蚀与防护.2008,29(4):185-187.

[76] 黄韬,张铁虎.喷丸残余应力及工艺参数优化[J].科学技术与工程,2010,10(21):5145-5150.

[77] 钱伟长.穿甲力学[M].北京:国防工业出版社.1988.

[78] 韩文峰.海洋平台钻塔横向移动装置技术研究[D].大连:大连理工大学,2009.

[79] 樊恋.顶锤用 YL20.3 硬质合金深冷处理研究[D].长沙:湖南大学,2010.

[80] 姚卫星.结构疲劳寿命分析[M].北京:国防工业出版社,2003.

[81] 陈传尧.疲劳与断裂[M].武汉:华中科技大学出版社,1995.

[82] MOORE H F, KOMMERS J B.The fatigue of metals[M].New York:McGrawHill,1927.

[83] HIZOSE S.Effect of shot peening on fatigue strength of small spring wire and coil springs[C]// 1st International Conference on Shot Peening.Oxford:Pergamon Press,1982.

[84] LU J,FLAVENOT J F.Application of the incremental hole drilling method for the measurement of residual stress distribution of shot-peened components[C]//Shot-peening,Science-technology-applicalion,1987.

[85] BIRLEY S S, OWENS A.Measurement of stresses induced by shot peening[C]// 1st International Conference on Shot Peening,Oxford:Pergamon Press,1981.

[86] 米谷茂.残余应力的产生和对策[M].北京:机械工业出版社,1983.

[87] HAWK V M.X-ray method for measuring residual stress[C]//Residual Stress and Stress Relaxation,Sagamore Army Materials Research Conference Proceedings.Boston:Springer,1982,28:117-119.

[88] PINTSCHOVIUS L,JUNG V.Residual stress measurements by means of neutron diffraction[J].Mater Sci Eng,1983,61(1):61-67.

[89] NAKONIECZHY A.Effect of shot peening on fatigue life of machine elements[C]//1st International Conference on Shot Peening.Oxford:Pergamon Press,1981.

[90] KLOOS K H, MACHERAUCH E.Development of mechanical surface strengthening processes from the beginning until today[J].Shot Peen Sci Technol,1987:3-7.

[91] 汤英.单边缺口拉伸试样喷丸强化残余应力及其三维应力强度因子分析[D].上海:上海交通大学,2012.

[92] 漆睿,戎永华.X 射线衍射与电子显微分析[M].上海:上海交通大学出版社,1992.

[93] 唐文秋.应力集中、尺寸和表面对金属疲劳强度影响的研究[D].沈阳:东北大学,2008.

[94] 张天会.新型低碳贝氏体钢焊接接头疲劳裂纹扩展可靠性研究[D].昆明:昆明理工大学,2012.

[95] 张真源.结构钢超高周疲劳性能研究[D].成都:西南交通大学,2007.

[96] 徐楠.42CrMo 钢疲劳可靠性分析与裂纹萌生微观机制研究[D].济南:山东大学,2006.

[97] 姚晓鹏.拉扭循环加载下缺口件应力应变分析与寿命预测[D].兰州:兰州理工大学,2010.

[98] 陆建国.考虑非比例附加强化的多轴高周疲劳寿命预测方法[D].南京:南京航空航天大学,2012.

[99] 唯谊.外转 39 型转向架制动梁疲劳强度分析及优化设计[D].兰州:兰州交通大学,2017.

[100] 邱悦.多体船连接桥的多轴疲劳分析[D].哈尔滨:哈尔滨工程大学,2010.

[101] 王昱栋.基于 OPC 的工业机器人监控系统的设计及其手臂疲劳寿命预测的研究[D].上海:上海工程技术大学,2016.

[102] 翟红波,刘军,刘永寿,等.连接方式对紧固孔疲劳性能的影响[J].机械强度,2011,33(6):885-889.

［103］徐红炉,刘军,章刚,等.制孔工艺对紧固孔疲劳性能的影响[J].飞机设计,2008,3:25-30.
［104］钱晓明,姜银方,管海兵,等.飞机结构件紧固孔强化技术综述[J].机械强度,2011,33(5):749-753.
［105］方鸣岗.短脉冲激光及应用[J].激光与红外,2006,12:1136-1138.
［106］杨仕超,王安强,闫五柱,等.斜搭接连接件疲劳特性分析[J].材料工程,2012,9:83-87.
［107］贾楠.圆形料场堆取料机金属结构分析及优化[D].长春:吉林大学,2012.
［108］郭源齐.功率模块引线键合界面的疲劳断裂特性研究[D].杭州:浙江工业大学,2017.

第 2 章 疲劳裂纹形核机制及数值模拟

飞机结构的疲劳裂纹萌生是影响大型民用飞机安全使用的一个重要因素,同时又是国际、国内适航当局考察的一项重要内容。目前,我国在预报飞机机构疲劳裂纹萌生的技术方面相对落后,这将给材料国产化及新材料的使用带来极大的困难。因此,研究大型民用飞机关键结构的裂纹形核机制对大型民用客机的设计有着重要意义。本章借助有限元分析,将晶体塑性理论应用到带有表面微观粗糙度的多晶体微观变形模拟中,分析了疲劳裂纹萌生的微观机制,并对其表面应力分布和微观变形规律进行了研究,为后面的研究提供重要理论依据和参考。

2.1 疲 劳 裂 纹

近年来,疲劳与断裂引起的失效问题越来越引起人们的关注,疲劳破坏已成为发动机涡轮叶片等机械零件失效的主要原因之一。疲劳破坏是一个损伤累积的发展过程,其过程比较复杂,受很多因素影响。按其发展过程大致可以分为以下四个阶段:裂纹成核阶段、微观裂纹扩展阶段、宏观裂纹扩展阶段和瞬时断裂阶段,研究疲劳裂纹的萌生、扩展机制及规律是疲劳研究的主要任务[1]。

疲劳裂纹的起源位置为疲劳源,实际构件的疲劳源总出现在高应力区,高应力区通常在材料表面附近。因此,疲劳裂纹一般萌生于试件表面,以角裂纹或面裂纹的形式形核在试件边缘,并呈扇形向外扩展,形成疲劳裂纹扩展区,最终到达瞬时断裂区。一般疲劳裂纹扩展区域表面比较光滑,而瞬时断裂区域表面则呈现较粗糙的颗粒状。因为疲劳断口形貌记录了疲劳裂纹从萌生到断裂的全过程,所以对宏观疲劳断口进行分析是研究疲劳裂纹断裂机制的重要手段之一。

1954 年,两架"彗星"号客机相继失事,考察发现疲劳微裂纹产生于方形窗框附近高应力区的紧固孔处[2-6]。之后,Irwin 引用了应力强度因子 K,Paris 指出疲劳裂纹增长率 da/dN 最好用应力强度因子 ΔK 来加以说明。1965 年,Linder 首次在试验中测定了疲劳裂纹扩展阈值 ΔK_{th}[7-10]。1970 年,Elber 观察到了疲劳裂纹闭合现象,并认为是塑性诱发的裂纹闭合[11-12]。Suresh 对闭合的其他原因也进行了研究,特别是腐蚀产物引起的闭合和裂纹表面粗糙度引起的闭合[13-14]。1975 年,Pearson 首先发现在相同应力强度因子幅值下,疲劳短裂纹扩展速率远高于长裂纹[15]。此后,众多学者对疲劳短裂纹的力学行为进行了大量研究。

工程结构或构件的疲劳寿命一般由疲劳裂纹萌生寿命、短裂纹扩展寿命、长裂纹扩展寿命及裂纹瞬时失稳等几部分组成,在低应力、高周疲劳中,疲劳裂纹的萌生寿命有时可占疲劳总寿命的90%以上,因而疲劳裂纹萌生寿命对材料疲劳性能的考核至关重要[16]。1998年,赵要武[17]将裂纹萌生阶段定义为微观短裂纹不断扩展到宏观短裂纹出现为止。Baidurya等[18]对裂纹萌生长度进行了研究,得到了裂纹萌生长度的估算公式。2012年,William和McDowell等[19]对疲劳裂纹萌生寿命进行了定义,认为疲劳裂纹萌生寿命为在应变加载过程中循环应力幅下降5%时所对应的循环周次。许多国内外学者认为载荷、加工工艺等多种因素对疲劳裂纹萌生寿命有一定的影响,并对其进行了研究与分析[20-24]。

2.2 疲劳裂纹形核机制

金属的疲劳断裂是由金属疲劳裂纹的萌生和扩展及最终断裂组成的。与疲劳极限对应,疲劳裂纹的萌生是疲劳断裂的关键过程。材料中疲劳裂纹的起始或萌生,也称为疲劳裂纹成核,疲劳裂纹成核处即"裂纹源",裂纹一般起源于高应力处。在大多数情况下,构件中高应力区域总是在表面(近表面)处,在截面半径最大的表面处有最大正应力或最大剪应力,另外表面还难免有加工痕迹、环境腐蚀等影响。同时,材料或构件中含有的缺陷、夹杂等几何不连续处将引起应力集中,成为"裂纹源"。

在高应力作用下,材料晶粒中易滑移平面的方位若与最大作用剪应力一致,则将发生滑移,滑移只在局部高应力区发生,在其余大部分材料处,甚至直至断裂都没有滑移发生。在循环载荷作用下,材料表面发生滑移带"挤出"和"凹入",进一步形成应力集中,导致微裂纹产生。滑移主要是在晶粒内进行的,深度大于几个微米的少数几条滑移带穿过晶粒,称为"持久滑移带"或"驻留滑移带",微裂纹正是由这些持久滑移带发展而成的[25]。

先前的研究多在宏观尺度内开展,通常假设材料为均匀、各向同性[26]。对于多晶材料,其随机取向的晶粒会进一步在微观尺度内引起应力集中[27-32]。近年来,利用晶体塑性理论对疲劳问题的有限元模拟得到了一定的研究。金属的疲劳性能必然与其微观机制密切相关。因此,人们对金属疲劳裂纹萌生的微观晶体学行为也进行了广泛深入的研究。Bennett和Mcdowell[33]研究了微观各向异性对小裂纹阶段面裂纹的裂尖张开和滑动位移的影响。Xie等[34]采用率相关的弹性晶体塑性模型分析了HSLA-50钢的材料响应。Sinha和Ghosh[35]利用晶体塑性本构关系的疲劳失效模型建立了塑性棘轮模型。Kalnaus和Jiang[36]利用多轴疲劳准则对不同的多晶材料进行了预测并指出该准则可以应用在单晶铜的疲劳寿命和裂纹取向的预测方面。Gerard 等[37]探索了 FCC 多晶材料在室温复杂加载路径下的自硬化和潜在硬化。Dingreville 等[38]研究了微结构对微观塑性棘轮模拟的影响并指出应力局部化现象是由材料微观结构引起的。

在疲劳裂纹萌生的晶体学方面，在对疲劳裂纹萌生过程中金属试件表面晶体学微观观察的基础上，研究者提出了大量的关于疲劳裂纹萌生的晶体学模型。这些模型的提出，深化了人们对疲劳裂纹萌生本质的认识。对疲劳裂纹萌生微观现象的研究，与滑移带的观察密切相关。滑移带是塑性变形的标记。一般来说，它们由数量不同的滑移线构成，是由位错运动造成的晶体相对位移而出现在晶体表面的迹线。在疲劳裂纹萌生的微观晶体学方面，发现了驻留滑移带、挤出物和挤入槽的存在，以及循环载荷下晶体结构的变化，揭示了疲劳裂纹的萌生机制为反复的塑性变形，这为本书的研究提供了理论基础。

2.3 疲劳裂纹萌生微观机制的数值模拟

一般来说，表面粗糙度会导致疲劳试样的疲劳寿命降低，其主要原因是表面粗糙度引起了应力集中，从而导致微裂纹萌生[39]。先前的研究一般假设试件表面是理想光滑的，然而现实中大多数试件的表面并不是理想光滑的。表面粗糙度可以在制造和加工过程中产生，如钻孔、化学铣切等[40-41]。本节利用余弦曲线来模拟试件微观粗糙表面。人们将晶体塑性模型作为材料子程序导入有限元模拟中，以期揭示多晶体表面变形微观机制及其在表面粗糙状态下的应力演化。

2.3.1 晶体塑性本构

本节采用的晶体学力学动态理论本构方程最早由 Taylor[42]、Hill 和 Rice[43]提出。在 Rice 和 Hill 的工作中，塑性变形被假定为晶体位错滑移和由扩散引起的变形，不考虑孪生和晶界滑移。滑移系分解切应力为滑移的驱动力。

对于晶体模型，总变形梯度 F 可以分解为弹性分量和塑性分量：

$$F = F^e F^p \tag{2-1}$$

随着晶体的变形和旋转，晶格矢量延伸和旋转。滑移方向 $m^{(\alpha)}$ 和滑移系 α 在变形构型中计算：

$$m^{*(\alpha)} = F^e m^{(\alpha)} \tag{2-2}$$

滑移面的法向为

$$n^{*(\alpha)} = ((F^e)^{-1})^T n^{(\alpha)} \tag{2-3}$$

当前状态的速度梯度由标准公式计算：

$$L = \dot{F} F^{-1} = L^e + L^p \tag{2-4}$$

其中,L 可以表示为
$$L = D + W \tag{2-5}$$
式中:D 和 W 分别为延伸和旋转张量对称率。

当塑性变形由位错滑移引起时,塑性速度梯度可以表示为滑移系剪切率的线性组合,从而得到:
$$L^p = \sum_{\alpha=1}^{N} P^{(\alpha)} \dot{\gamma}^{(\alpha)} \tag{2-6}$$
式中:$\dot{\gamma}^{(\alpha)}$ 为滑移系的滑移率。Schmid 张量可定义为
$$P^{(\alpha)} = \frac{1}{2}(m^{*(\alpha)} \otimes n^{*(\alpha)} + n^{*(\alpha)} \otimes m^{*(\alpha)}) \tag{2-7}$$
定义 σ 为柯西应力张量,τ 为加权柯西应力张量,则
$$\tau = (\det F)\sigma \tag{2-8}$$
$$T = F^e \tau F^{e-1} \tag{2-9}$$
为第二中间 Piola-Kirchhoff 应力张量。

分解切应力可以由 Schmid 和沿滑移向的拉力表示:
$$\tau^{(\alpha)} = P^{(\alpha)} : T \tag{2-10}$$
式中:$P^{(\alpha)}$ 为滑移系 α 的 Schmid 因子。

对于率相关本构方程,滑移率分解为切应力和参考应力的函数。剪切应变率由 Peirce[44] 计算:
$$\dot{\gamma}^{(\alpha)} = \dot{\gamma}_0^{(\alpha)} \left[\frac{\tau^{(\alpha)}}{g^{(\alpha)}}\right] \left[\left|\frac{\tau^{(\alpha)}}{g^{(\alpha)}}\right|\right]^{\frac{1}{m}-1} \tag{2-11}$$
式中:$g^{(\alpha)}$ 为滑移系强度(剪切抗力);m 为应变率敏感指数;$\dot{\gamma}_0^{(\alpha)}$ 为参考剪应变率。函数 $g^{(\alpha)}$ 为单晶当前应变硬化状态。

这里,假定 $g^{(\alpha)}$ 仅和滑移应变有关:
$$g^{(\alpha)} = g^{(\alpha)}(\gamma) \tag{2-12}$$
$$\gamma = \sum_{\alpha} |\gamma^{(\alpha)}| \tag{2-13}$$
为了简化程序,假定材料的应变硬化可以由函数 $g^{(\alpha)}$ 的变化来表示:
$$\dot{g}^{(\alpha)} = \sum_{\beta} h_{\alpha\beta} |\dot{\gamma}^{(\beta)}| \tag{2-14}$$
式中:$h_{\alpha\beta}$ 为 γ 的函数,有
$$h_{\alpha\beta} = q_{\alpha\beta} h_{\beta} \tag{2-15}$$
式中:$q_{\alpha\beta}$ 为潜在硬化矩阵;h_{β} 为单硬化率,可定义为[45]:
$$h_{\beta} = h_0 \left(1 - \frac{g^{(\beta)}}{\tau_s}\right)^a \tag{2-16}$$

式中:h_0、τ_s和 a 为所有滑移系的硬化参数。

以上本构方程 ABAQUS 的用户子程序 UMAT,有效性已经得到验证[46]。

2.3.2 有限元模型

本节所采用的有限元模型如图 2-1 所示,试样选用长方体,其尺寸为 1.76mm× 0.50mm×0.50mm。

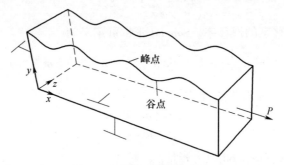

图 2-1 有限元模型示意图

余弦化的表面粗糙度可以量化为

$$Ra = \frac{1}{l} \int_0^l |y(x)| dx \quad (2\text{-}17)$$

分别取 $Ra=0\mu m, 6.4\mu m, 12.7\mu m, 25.5\mu m$。有限元模型网格如图 2-2 所示。每个模型划分为 10000 个八节点三维减缩积分(C3D8R)单元。

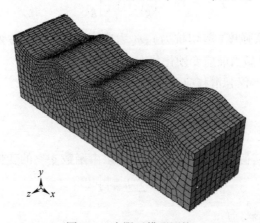

图 2-2 有限元模型网格

在计算之前,对单元数目和类型进行了优化,以最小的计算成本获得可以接受的计算精度,多晶体应力和应变对微观结构较为敏感。Sinha 和 Ghosh[36]通过两步实现材料微结构的模拟:①统计等效取向分布;②统计等效取向差异和取向分布。这种方法能够获得与实际试件取向分布相一致的微结构,可以实现物理意义的模拟。

本节重点放在数值模拟方面,对材料微结构进行了适当的简化。在材料用户子程序中,晶体取向通过取向矩阵来控制:

$$g = \begin{bmatrix} \cos\varphi\cos\theta - \sin\varphi\sin\theta\cos\psi & \sin\varphi\cos\theta + \cos\varphi\sin\theta\cos\psi & \sin\theta\sin\psi \\ -\cos\varphi\sin\theta - \sin\varphi\cos\theta\cos\psi & -\sin\varphi\sin\theta + \cos\varphi\cos\theta\cos\psi & \cos\theta\sin\psi \\ \sin\varphi\sin\psi & -\cos\varphi\sin\psi & \cos\psi \end{bmatrix}$$

(2-18)

式中:φ、θ 和 ψ 分别为每个晶粒的欧拉角。

通过特定的程序将表 2-1[47]中的晶体取向随机赋予每个单元,以上本构模型假定单晶的弹塑性响应由滑移变形机制控制,其他机制如孪生、晶界滑移和扩散暂不考虑。

表 2-1　晶粒欧拉角取向

晶粒序号	$\varphi/(°)$	$\theta/(°)$	$\psi/(°)$	晶粒序号	$\varphi/(°)$	$\theta/(°)$	$\psi/(°)$
1	62.10	91.28	-81.55	21	22.91	86.02	-15.13
2	41.49	84.59	-81.17	22	67.17	73.63	-76.94
3	92.86	88.15	-179.08	23	59.26	74.48	-105.55
4	1.41	92.01	-2.14	24	28.58	114.06	83.65
5	86.45	82.08	175.39	25	26.91	64.57	-16.89
6	-104.61	77.96	172.15	26	58.18	66.90	-90.70
7	32.13	84.92	-8.02	27	-94.55	71.89	-172.58
8	49.96	78.30	-77.31	28	74.50	8.27	-178.64
9	39.14	113.93	104.81	29	-93.21	72.99	150.88
10	93.72	105.93	170.27	30	31.27	110.00	107.91
11	67.23	76.53	-93.59	31	74.51	70.82	-117.70
12	65.04	159.50	84.15	32	74.52	87.17	-174.25
13	-98.15	64.07	161.85	33	27.20	94.44	-53.56
14	96.05	91.77	172.99	34	20.21	79.67	-8.33
15	89.67	79.81	-179.59	35	23.09	112.77	10.45
16	-3.42	123.10	-30.12	36	43.11	113.34	125.35
17	33.59	65.61	0.20	37	36.86	138.31	83.68
18	60.31	110.91	-157.16	38	23.54	113.13	11.22
19	69.30	117.52	-158.58	39	25.15	93.77	-19.56
20	81.27	96.29	168.14	40	72.14	71.87	-100.85

续表

晶粒序号	$\varphi/(°)$	$\theta/(°)$	$\psi/(°)$	晶粒序号	$\varphi/(°)$	$\theta/(°)$	$\psi/(°)$
41	144.03	144.03	63.10	60	45.79	109.19	158.89
42	73.63	70.88	−114.02	61	21.80	66.44	−9.29
43	81.18	78.53	174.14	62	21.80	64.87	−128.95
44	53.63	49.12	−113.54	63	28.50	98.26	29.31
45	73.37	91.74	177.01	64	19.20	76.33	−40.89
46	151.95	102.49	67.10	65	16.84	82.26	−27.75
47	17.76	67.99	−12.10	66	74.36	104.65	168.37
48	96.13	72.63	−174.86	67	144.48	106.56	70.68
49	30.56	117.34	97.57	68	22.23	101.01	25.06
50	57.39	138.95	−177.70	69	14.00	83.61	7.04
51	85.10	104.69	170.84	70	41.10	130.14	79.13
52	8.77	81.15	−19.28	71	92.56	91.13	169.93
53	87.52	94.98	165.24	72	21.10	111.63	13.25
54	51.96	79.41	−103.82	73	149.85	96.55	69.23
55	85.94	103.55	171.40	74	88.77	93.27	179.05
56	46.69	109.62	160.83	75	43.76	51.45	−93.77
57	14.11	63.44	−15.09	76	27.69	64.28	−12.38
58	99.82	101.39	155.68	77	−5.76	101.65	−3.69
59	21.80	55.83	−114.08				

表 2-1 中对粗糙表面应力集中部位的网格进行了细化。边界条件为左面约束 X 方向，前面约束 Y 方向，底面约束 Z 方向。在右面施加拉-压疲劳载荷，应力比 $R(P_{min}/P_{max}) = -1$，最大载荷 S_{max} 为 100～300MPa。本节所用载荷谱示意图如图 2-3 所示。

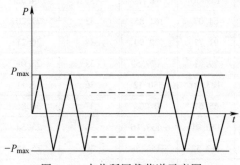

图 2-3 本节所用载荷谱示意图

假定八面体滑移系{111}<110>开动，八面体滑移系的滑移面和滑移方向如表2-2所列。所采用材料为面心立方金属铝，其力学参数如表2-3所列。

表2-2 八面体滑移系{111}<110>的滑移面与滑移方向

滑移系	八面体滑移系							
	滑移面($n(\alpha)$)			单位向量			滑移方向($m(\alpha)$)	单位向量
	i	j	k	i	j	k	$i\ j\ k$	$i\ j\ k$
1	1	1	1	$\frac{1}{\sqrt{3}}$	$\frac{1}{\sqrt{3}}$	$\frac{1}{\sqrt{3}}$	1 0 -1	$\frac{1}{\sqrt{2}}$ 0 $-\frac{1}{\sqrt{2}}$
2	1	1	1	$\frac{1}{\sqrt{3}}$	$\frac{1}{\sqrt{3}}$	$\frac{1}{\sqrt{3}}$	0 -1 1	0 $-\frac{1}{\sqrt{2}}$ $\frac{1}{\sqrt{2}}$
3	1	1	1	$\frac{1}{\sqrt{3}}$	$\frac{1}{\sqrt{3}}$	$\frac{1}{\sqrt{3}}$	1 -1 0	$\frac{1}{\sqrt{2}}$ $-\frac{1}{\sqrt{2}}$ 0
4	-1	1	-1	$-\frac{1}{\sqrt{3}}$	$\frac{1}{\sqrt{3}}$	$-\frac{1}{\sqrt{3}}$	1 0 -1	$\frac{1}{\sqrt{2}}$ 0 $-\frac{1}{\sqrt{2}}$
5	-1	1	-1	$-\frac{1}{\sqrt{3}}$	$\frac{1}{\sqrt{3}}$	$-\frac{1}{\sqrt{3}}$	1 1 0	$\frac{1}{\sqrt{2}}$ $\frac{1}{\sqrt{2}}$ 0
6	-1	1	-1	$-\frac{1}{\sqrt{3}}$	$\frac{1}{\sqrt{3}}$	$-\frac{1}{\sqrt{3}}$	0 1 1	0 $\frac{1}{\sqrt{2}}$ $\frac{1}{\sqrt{2}}$
7	1	-1	-1	$\frac{1}{\sqrt{3}}$	$-\frac{1}{\sqrt{3}}$	$-\frac{1}{\sqrt{3}}$	1 1 0	$\frac{1}{\sqrt{2}}$ $\frac{1}{\sqrt{2}}$ 0
8	1	-1	-1	$\frac{1}{\sqrt{3}}$	$-\frac{1}{\sqrt{3}}$	$-\frac{1}{\sqrt{3}}$	0 -1 1	0 $-\frac{1}{\sqrt{2}}$ $\frac{1}{\sqrt{2}}$
9	1	-1	-1	$\frac{1}{\sqrt{3}}$	$-\frac{1}{\sqrt{3}}$	$-\frac{1}{\sqrt{3}}$	1 0 1	$\frac{1}{\sqrt{2}}$ 0 $\frac{1}{\sqrt{2}}$
10	-1	-1	1	$-\frac{1}{\sqrt{3}}$	$-\frac{1}{\sqrt{3}}$	$\frac{1}{\sqrt{3}}$	0 1 1	0 $\frac{1}{\sqrt{2}}$ $\frac{1}{\sqrt{2}}$
11	-1	-1	1	$-\frac{1}{\sqrt{3}}$	$-\frac{1}{\sqrt{3}}$	$\frac{1}{\sqrt{3}}$	1 0 1	$\frac{1}{\sqrt{2}}$ 0 $\frac{1}{\sqrt{2}}$
12	-1	-1	1	$-\frac{1}{\sqrt{3}}$	$-\frac{1}{\sqrt{3}}$	$\frac{1}{\sqrt{3}}$	1 -1 0	$\frac{1}{\sqrt{2}}$ $-\frac{1}{\sqrt{2}}$ 0

表2-3 多晶铝的力学参数

力学参数	参数值
弹性模量 E	62.78GPa
泊松比 v	0.33
剪切模量 G	28.3 GPa
应变率敏感指数 m	0.02
参考剪切应变率 $\dot{\gamma}^{(\alpha)}$	0.003/s
硬化率 h_0	111.6MPa
临界分切应力 τ_s	108.81MPa
硬化指数 a	1.3
滑移系抗剪强度 $g^{(\alpha)}$	35MPa

2.3.3 模拟结果与分析

1. 表面应力分布

表面冯·米塞斯(von Mises)应力分布表征了表面变形的基本特征[48]。不同表面粗糙度下的表面 von Mises 应力分布如图2-4所示。由图可以看出,对于表面理想光滑的模型,加载后其表面 von Mises 应力分布也不是均匀的,是由随机分布的晶体取向决定。随着表面粗糙度的增大,在余弦表面的波谷处逐渐出现应力集中,最大应力随表面粗糙度的增大而增加。

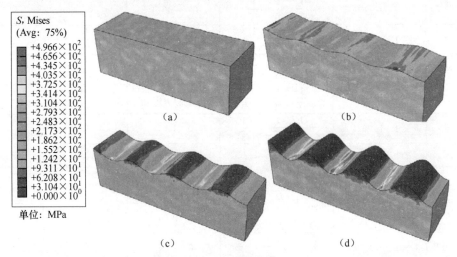

图2-4 不同表面粗糙度下表面 von Mises 应力分布(P_{max} = 200MPa, N = 1)

图2-5给出了在不同表面粗糙度下表面 von Mises 应力沿加载方向的分布。可以看出,在理想光滑的情况下,表面 von Mises 应力随机分布,但其应力最小。

作为晶体滑移的驱动力,分解切应力常被用来讨论滑移系的开动和滑动。对于率相关的晶体学模型,所有滑移系均可以开动,但分解切应变因分解切应力的不同而有所差异。这里,我们考虑最大分解切应力。图2-6给出了不同表面粗糙度下表面最大分解切应力在 X 方向上的分布。由图可以看出,随着表面粗糙度的增加,分解切应力的局部化越来越严重,最大分解切应力发生在余弦表面的凹陷处。

2. 表面变形

表面变形由两个方面引起:① 微观各向异性;② 表面微观变形的几何非线性。在这两种机制的共同作用下,表面发生微观变形[49]。表面变形由滑移系的开动和滑动引起。由于每个单元的取向是随机的,计算每个单元的 Schmid 因子十分费时。取峰点和谷点处的典型单元,通过式(2-7)计算其 Schmid 因子并列在表2-4中。

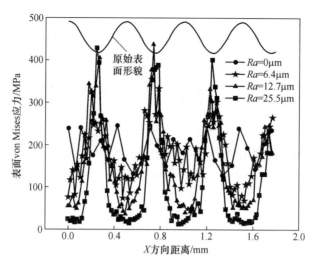

图 2-5　不同表面粗糙度下表面 von Mises 应力沿加载方向的分布（$P=200\text{MPa}, N=1$）

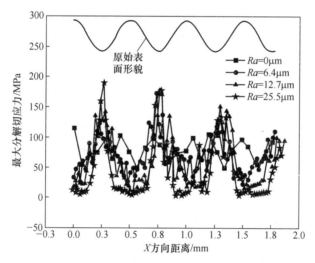

图 2-6　不同表面粗糙度下表面最大分解切应力在 X 方向上的分布

表 2-4　八面体滑移系 $\{111\}<110>$ 的 Schmid 因子

单元位置（$Z=0\text{mm}$）	欧拉角/(°)	数量/个	S_f
	$\varphi=45.00, \theta=0.00, \psi=0.00$	4	0.4082
		8	0.0000

续表

单元位置 ($Z=0$mm)	欧拉角/(°)	数量/个	S_f
	$\varphi=66.01, \theta=129.10, \psi=63.76$	6	0.2722
		6	0.0000

这两个典型单元也被用在图 2-10 和图 2-11 中。结合这两个单元的分解切应力(图 2-6)可以看出在谷点处有 4 个滑移系开动,而在峰点处由于分解切应力太小,没有滑移系开动。

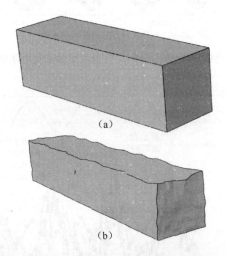

图 2-7 加载前后原始光滑试件表面形貌($Ra=0, P_{max}=200$MPa)

图 2-7 给出了表面光滑试件在加载 200 次后的表面变形情况,加载后的粗糙表面由单元的随机取向引起。图 2-8(a)和(b)分别给出了在拉伸载荷($P=P_{max}$)和压缩载荷($P=-P_{max}$)下 Y 方向的变形,比较图 2-8(a)和(b)可得到两个重要结论:① 位移幅值随表面粗糙度的增大而增加,并在表面凹陷处引起应力集中;② 拉压载荷下的表面变形为非对称的。另一个重要的特征是在峰点和谷点处的位移,定义:

U_{p-ten} 为拉伸载荷下的峰点位移;
U_{c-ten} 为拉伸载荷下的谷点位移;
U_{p-com} 为压缩载荷下的峰点位移;
U_{c-com} 为压缩载荷下的谷点位移;
$\Delta U_{ten}=U_{p-ten}-U_{c-ten}$ 为拉伸载荷下的峰点和谷点的位移差;

$\Delta U_{\text{com}} = U_{\text{p-com}} - U_{\text{c-com}}$ 为压缩载荷下的峰点和谷点的位移差。

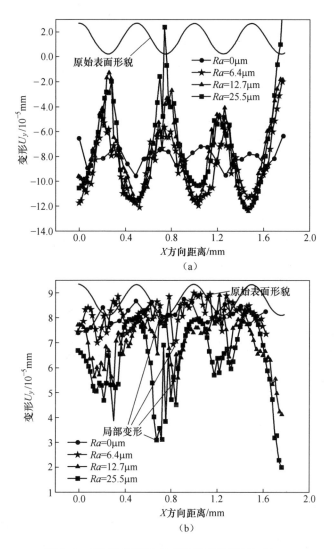

图 2-8　200 次加载后 Y 方向表面变形($Z=0$)
(a) 拉伸载荷($P=P_{\max}$);(b) 压缩载荷($P=-P_{\max}$)。

由图 2-8 可以看出,$\Delta U_{\text{ten}} < 0$,$\Delta U_{\text{com}} > 0$ 和 $|\Delta U_{\text{ten}}| > |\Delta U_{\text{com}}|$,这意味着表面粗糙度在疲劳载荷下减小,可以由图 2-12 进一步看出。

图 2-9 给出了表面变形随加载次数的变化图。由图 2-9(a)和(b)可以看出,当表面光滑时,表面粗糙度随加载次数的增加而增大。表面变形显示出拉压不对称性。由图 2-9(c)可以看出,对于粗糙表面其表面粗糙度在拉伸载荷下随着加载

次数的增加而减小。而在压缩载荷下,如图2-9(d)所示,表面粗糙度先是增长,而后随着加载次数的增加而减小。晶体塑性变形导致表面粗糙度减小。

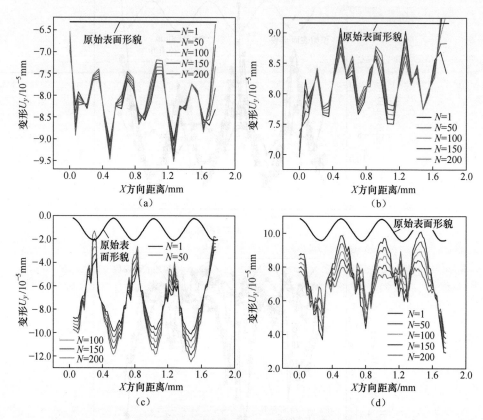

图2-9 表面变形随加载次数的演化($Z=0$mm)

(a)$Ra=0$μm,拉伸载荷($P=P_{max}$);(b)$Ra=0$μm,压缩载荷($P=-P_{max}$);
(c)$Ra=12.7$μm,拉伸载荷($P=P_{max}$);(d)$Ra=12.7$μm,压缩载荷($P=-P_{max}$)。

对于多晶体,即使在均匀载荷下,在微观范围内其应力和变形也是不均匀的,进而在某些部位形成应力集中。因此,多晶体表面微观变形可以用来预测微裂纹的萌生与演化。

图2-10给出了两个典型位置处位移的变化。比较图2-10(a)和(b)可以看出,谷点处的位移随加载次数增加而增大,峰点处的位移随加载次数的增加而减小,这是由于初始表面粗糙度因多晶体塑性变形而较小。另外,还可以发现,表面变形与加载次数呈线性关系。这与Christ[39]的结果一致,Christ指出在单滑移和双滑移机制下,微裂纹随加载次数的增加而呈线性增长。

表面变形随最大载荷P_{max}的变化如图2-11所示。由图可以看出,粗糙表面

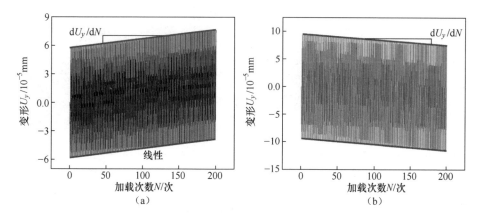

图 2-10 峰点与谷点处的位移变化($Ra=12.7\mu m, P_{max}=200MPa, Z=0mm$)

(a)谷点;(b)峰点。

的表面变形率比光滑表面的表面变形率大得多,表面变形率与最大载荷呈现出良好的幂律关系,这与 Basquin 得出的结果一致[50]。

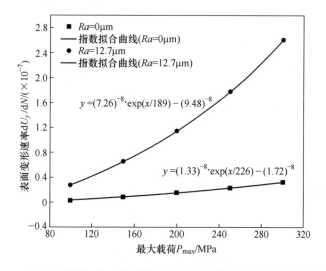

图 2-11 在表面粗糙与表面光滑情况下表面变形速率随最大载荷的变化图

图 2-12 给出了表面粗糙度随加载次数的变化图,红线表示在零载荷时的表面粗糙度。对于初始光滑的试件,其表面粗糙度随加载次数的增加而增大,如图 2-12(a)所示;对于表面粗糙的试件,其表面粗糙度随加载次数的增加而减小,如图 2-12(b)所示。

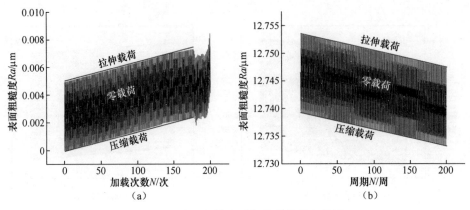

图 2-12 表面粗糙度随加载次数的变化图
(a) $Ra=0$；(b) $Ra=12.7\mu m$。

2.4 小 结

金属的疲劳断裂是由金属疲劳裂纹的萌生和扩展及最终断裂组成的，疲劳裂纹的萌生是疲劳断裂的关键过程。2.1 节简单阐述了疲劳破坏的发展过程，罗列了疲劳裂纹及其疲劳寿命的一些研究成果；2.2 节主要介绍了金属疲劳裂纹萌生的微观晶体学行为，分析了疲劳裂纹的形核机制；2.3 节将晶体塑性理论应用到带有表面微观粗糙度的多晶体微观变形模拟中，研究其在疲劳载荷谱下的表面微观变形规律和微观局部应力集中现象。本章的主要结论如下。

（1）应力集中发生在粗糙表面的谷点处，进而引起微裂纹的萌生；

（2）随机取向的单元会导致在微观尺度内产生局部应力集中，并发生表面变形，表面粗糙度的增加会进一步强化这种趋势；

（3）多表面变形随加载次数增加而线性增加，表面变形速率与施加的应力水平呈幂律关系。

参 考 文 献

[1] 伍颖著.断裂与疲劳[M].武汉：中国地质大学出版社，2008.
[2] 傅祥炯.结构疲劳与断裂[M].西安：西北工业大学出版社，1995.
[3] 徐灏.疲劳强度[M].北京：高等教育出版社，1988.
[4] SURESH S.材料的疲劳[M].王中光，译．2 版.北京：国防工业出版社，1999.
[5] GERBER H.Bestimmung der zulassigen Spannungen in Eisen-konstructionen[J].Zeitschrift des Bayerischen Architeckten und Ingenieur-Vereins,1874,6：101-110.

[6] MINER M A.Cumulative damage in fatigue[J].Journal of Applied Mechanics,1945,12:159-164.
[7] FROST N E,MARSH K I,POOK L P.Metal Fatigue[M].Oxford:Clarendon Press,1974.
[8] FROST N E.A relation between the critical alternating propagation stress and crack length for mild steel[J].Proc instn Mech Engrs,1959,173:811-836.
[9] PARIS P C,BUCCI R J,WESSEL E T,et al.Extensive study of low fatigue crack growth rates in A533 and A508 steels[J]//Stress Analysis and Growth of Cracks,Special Technical Publication 1972,513:141-176.
[10] LINDER R M. Extremely Slow Crack Growth Rate in Aluminium Alloy 7075 – T6 [D]. Bethlehem,Pennsylvania:Leigh University,1968.
[11] ELBER W.Fatigue crack closure under cyclic tension[J].Fract.Mech,1970(2):37-45.
[12] ELBER W.The significance of fatiue crack closure[C]// Damage Tolerance in Aircraft Structures:ASTM STP486.Philadelphia:American Society for Testing and Materials,1971:230-242.
[13] SURESH S,PARKS D M,RITCHIE R O.On Fatigue Thresholds[C]// Backlund J,Blom A F, Beevers C J.Proc Ist Int Symp.Warley:EMAS Publ,Ltd,1982:391-408.
[14] SURESH S, RITCHIE R O.A geometric model for fatigue crack closure induced by fracture roughness[J].Met Trans A,1982,13A:1627-1631.
[15] PEARSON S.Initiation of fatigue cracks in commercial aluminum alloys and the subsequent propagation of very short cracks[J].Engng Fract Mech 1975,7:235-247.
[16] 谭敦厚.航空发动机涡轮盘用 GH4133B 合金疲劳裂纹萌生与扩展机制研究[D].湘潭:湘潭大学,2013.
[17] 赵要武,孙秦,杨庆雄.铝锂合金微裂纹-短裂纹生长过程的实验观察[J].固体力学学报, 1998,19(1):73-78.
[18] BHATTACHARYA B,ELLINGWOOD B.Continuum damage mechanics analysis of fatigue crack initiation[J].International Journal of Fatigue,1998,20(9):631-639.
[19] WILLIAM D M,MCDOWELL D L.Microstructure-sensitive probabilistic modeling of HCF crack initiation and early crack growth in Ni-base superalloy IN100 notched components[J].International Journal of Fatigue,2012,37:41-53.
[20] TEHRANI P H,SAKET M. Fatigue crack initiation life prediction of railroad[J].Journal of Physics:Conference Series,2009,181(1):012-038.
[21] LIU Y M,STRATMAN B,MAHADEVAN S. Fatigue crack initiation life prediction of railroad wheels[J].International Journal of Fatigue,2006,28(7):747-756.
[22] FISSOLO A,AMIABLE S,ANCELET O,et al.Crack initiation under thermal fatigue:An overview of CEA experience.Part I:Thermal fatigue appears to be more damaging than uniaxial isothermal fatigue[J].International Journal of Fatigue,2009,31(3):587-600.
[23] 王俭秋,李劲,王政富,等.超高纯铁素体不锈钢在 3.5%NaCl 中的腐蚀疲劳的裂纹萌生[J].金属学报,1995,31(15):103-108.
[24] PALIN-LUC T,PÉREZ-MORA R,BATHIAS C,et al. Fatigue crack initiation and growth on a steel in the very high cycle regime with sea water corrosion[J].Engineering Fracture Mechanics,

2010,77(11):1953-1962.
[25] 杨新华,陈传尧.疲劳与断裂[M].武汉:华中科技大学出版社,2018.
[26] LIU J,YUE Z F,LIU Y S.Surface finish of open holes on fatigue life[J].Theor Appl Fract Mech,2006,47(1):35-45.
[27] CHRIST H J,DÜBER O,FRITZEN C P.Propagation behaviour of microstructure short fatigue cracks in the high-cycle fatigue regime[J].Comp Mater Sci,2009,46:561-565.
[28] SANTUS C,TAYLOR D.Physically short crack propagation in metals during high cycle fatigue[J].Int J Fatigue,2009,31:1356-1365.
[29] MILLER K J.The short crack problem.Fatigue Fract[J].Eng Mater Struct,1982,5:223-232.
[30] GOH C H,WALLACE J M,NEU R W,et al.Polycrystal plasticity simulations of fretting fatigue[J].Int J Fatigue,2001,23:S423-S435.
[31] TANAKA K,AKINIWA Y,NAKAI Y,et al.Modelling of small fatigue crack growth interacting with grain boundary[J].Eng Fract Mech,1986,24:803-819.
[32] CHAUVOT C,SESTER M.Fatigue crack initiation and crystallographic crack growth in an austenitic stainless steel[J].Comp Mater Sci,2000,19:87-96.
[33] BENNETT V P,MCDOWELL D L.Cyclic crystal plasticity analyses of stationary,microstructurally small surface cracks in ductile single phase polycrystals[J].Fatigue Fract Eng Mater Struct,2002,25:677-693.
[34] XIE C L,GHOSH S,GROEBER M.Modeling Cyclic Deformation of HSLA Steels Using Crystal Plasticity[J].J Eng Mater T-ASME,2004,126(4):339-352.
[35] SINHA S,GHOSH S.Modeling cyclic ratcheting based fatigue life of HSLA steels using crystal plasticity FEM simulations and experiments[J].Int J Fatigue,2006,28(12):1690-1704.
[36] KALNAUS S,JIANG Y.Fatigue life prediction of copper single crystals using a critical plane approach[J].Eng Fract Mech,2006,73:684-696.
[37] GÉRARD C,BACROIX B,BORNET M,et al.Hardening description for FCC materials under complex loading paths[J].Comp Mater Sci,2009,45:751-755.
[38] DINGREVILLE R,BATTAILE C C,BREWER L N,et al.The effect of microstructural representation on simulations of microplastic Ratcheting[J].Int J Plasticity,2010,26:617-633.
[39] MOHAMED R B,ABDELLATIF A K.Effect of surface roughness on fatigue strength[J].Eng Fail Mech,1995,51:861-870.
[40] RALPH W C,JOHNSON W S,TOVIVONEN P.Effect of various aircraft production drilling procedures on hole quality[J].Int J Fatigue,2006,28:943-950.
[41] ZHANG D C,PEI X M.Effects of machining processes on surface roughness and fatigue life[J].China Mech Eng,2003,14:1374-1377.
[42] TAYLOR G I.Plastic strain in materials[J].Journal of Institute Metals,1938,62:307-324.
[43] HILL R,RICE J R.Constitutive analysis of elastic-plastic crystals at arbitrary strain[J].J Mech Phys Solids,1972,20:401-413.
[44] PEIRCE D,ASARO R J,NEEDLEMAN A.An analysis of non-uniform and localized deformation

in ductile single crystal[J].Acta Metall,1982,30:1087-1119.

[45] ANAND L,KOTHARI M.A computational procedure for rate-independent crystal plasticity[J].J Mech Phys Solids,1996,44(4):525-558.

[46] WAN J S, YUE Z F. Stress distribution near grain boundary in anisotropic bicrystals and tricrystals[J].Appl Math Mech-Engl,2004,25(1):39-46.

[47] BECKER R.Effects of strain localization on surface roughening during sheet forming[J].Acta Mater,1998,46:1385-1401.

[48] XU B X,YONEZU A, YUE Z F, et al.Indentation creep surface morphology of nickel-based single crystal superalloys[J].Comp Mater Sci,2009,46:275-286.

[49] STEFANIE E,STANZL T,BERND S.Mechanisms of strain localization,crack initiation and fracture of polycrystalline copper in the VHCF regime[J].Inter J fatigue,2010,32:886-893.

[50] BASQUIN O H.The exponential law of endurance tests[G]//American Society for Testing and Materials Proceedings.West Conshohocken:ASTM International,1910(10):625-630.

第3章 表面喷丸强化

近年来,人们为了提高现代航空航天领域中飞机机身、机翼等结构开孔构件的抗疲劳性能,通常通过喷丸、冷挤压、压印等特殊工艺对其表面进行强化,延长服役寿命。其中,喷丸强化工艺是目前航空工业中普遍使用的一种抗疲劳表面强化技术,同时在机身、机翼蒙皮的成形中也有广泛应用[1-3]。本章借助有限元模拟和疲劳试验,从不同角度分析了喷丸对构件疲劳寿命和残余应力场的影响,为喷丸强化工艺提供了理论指导和工艺策略。

3.1 喷丸强化工艺

3.1.1 喷丸强化机制

喷丸表面强化技术产生在20世纪20年代,60年代在机械和航空等工业中得到广泛应用。作为一种简单有效的表面强化方法,喷丸强化通常被用于提高齿轮、轴承、叶片等重要零件的强度和抗腐蚀能力,从而延长部件使用寿命,减少维护修复等支出[4-5]。

喷丸强化的原理就是利用高速飞行的弹丸流撞击金属材料表面,弹丸弹开后材料表面产生弹塑性变形失配,从而引入残余压应力场。表面残余压应力将疲劳载荷谱下调,即减小了平均应力,从而达到提高强化件抗疲劳性能的目的,喷丸是提高工件的强度、疲劳断裂抗力、应力腐蚀寿命、氢脆断裂抗力行之有效的一种表面强化工艺[6-8]。为了研究喷丸引起的残余应力分布,国内外学者对喷丸强化过程的数值模拟进行了大量研究,并提出了喷丸残余应力场的经验和解析模型[9-12]。Dalaei等研究了喷丸强化对珠光体微合金钢的疲劳寿命的影响,认为喷丸强化过程引入了稳定的残余压应力[4],并且研究了喷丸对应变控制的恒幅疲劳寿命的作用[5]。Gangarj等[13]认为喷丸强化工艺提高了关键部位的微动疲劳强度,并用有限元法对正应力、剪应力、体应力和位移幅度进行了模拟。高玉魁[14]研究了超高强度钢喷丸引起的表面残余应力在疲劳过程中的松弛规律。Liu等[15]研究了在不同条件下喷丸强化工艺对Mg-10Gd-3Y合金高周疲劳性能的影响。凌祥等[16]研究了材料应变硬化率、喷丸覆盖率以及初始残余拉应力等因素对304不锈钢靶材残余应力分布的影响。陈勃等[17]研究了喷丸强化对复合材料疲劳性能的影响。

3.1.2 喷丸强化工艺过程

图 3-1 是喷丸强化过程示意图,即在喷丸强化工艺中用高速飞行的弹丸流撞击金属材料表面。质量为 m 的弹丸以初速度 v_i 和入射角 α 射入材料表面,并以出射角 α' 和速度 v_r 反弹,弹丸弹开后材料表面产生弹塑性变形失配,从而引入了残余压应力场。

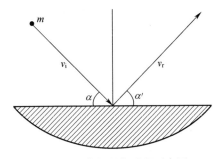

图 3-1 喷丸强化过程示意图

喷丸强化工艺使用的丸粒主要有铸钢丸、陶瓷丸和玻璃丸。不同弹丸撞击靶材时产生不同的残余压应力场,并且压应力层深度也不同。由于喷丸工艺强化的效果非常显著,且便于实施,适应面广,对能源的消耗很低。因此,在航空、汽车等领域有广泛的应用,目前国内外学者也对喷丸强化原理、残余应力场以及有限元模拟等方面进行了大量的研究。

3.2 表面粗糙度对喷丸残余应力场的影响

大多数对喷丸处理的研究都没有考虑靶材粗糙度的影响。事实上,靶材的表面不可能是理想光滑的,表面粗糙度与加工方式和加工精度有关。研究存在表面粗糙时的喷丸残余应力场对改进加工工艺和优化喷丸参数具有重要的指导意义。

通常,描述喷丸残余应力场的特征量主要有四个[7]:表面残余应力 σ_{srs}、最大残余压应力 σ_{mrs}、最大残余压应力深度 σ_m 和残余压应力场深度 σ_0。本节定性地研究靶材表面粗糙度 Ra 对喷丸残余应力场的影响,同时将表面粗糙和表面光滑两种情况下喷射速度和弹丸直径对残余应力场的影响进行了对比,以期找出靶材表面粗糙度对喷丸残余应力场的影响规律。

3.2.1 有限元模型

本节采用 ABAQUS 软件进行有限元分析,粗糙表面简化为余弦表面。本节所用参数如图 3-2 所示,h 为余弦半幅,s 为 1/4 波长($\lambda/4$),R 为弹丸半径。本节采用轮廓算术平均偏差 Ra 作为衡量表面粗糙度的基本参数:

$$Ra = \frac{1}{l}\int_0^l |y(x)|\,\mathrm{d}x \qquad (3-1)$$

式中:$y(x)$ 为基于中线的表面轮廓高度;l 为取样长度。

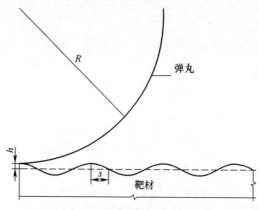

图 3-2 本节所用参数示意图

表面粗糙度 Ra 参数包含微观不平度的大部分信息,能表征表面粗糙度的实用性能,是世界各国普遍采用的参数。当保持余弦波长 $s=0.125\text{mm}$ 不变时,显然通过改变 h 值即可获得不同的表面粗糙度。

为简化计算,本节采用二维轴对称有限元模型。如图 3-3 所示,弹丸为半径

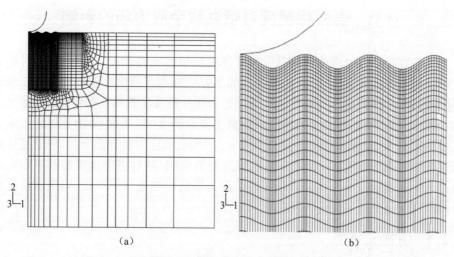

图 3-3 考虑靶材表面粗糙度的喷丸有限元模型网格设计

为 R 的刚体,密度为 5500kg/m³,靶材的尺寸选为 $10R \times 10R$ 以保证边界应力和应变足够小。

在图 3-3 中由于对撞击位置附近的网格进行了细化,在峰点和谷点处存在应力集中,因而对网格进行了进一步的细化。采用四节点轴对称线性减缩积分单元(CAX4R),将每个模型划分为 6000 个单元左右。

弹丸与靶材的法向定义为硬性接触,切向定义为无摩擦接触模式。在对称面和底面上分别约束其法向,弹丸仅允许在两个方向(参照坐标系统)自由移动。

3.2.2 残余应力分布特征

由于表面粗糙度的存在,喷丸残余应力的分布必定与表面光滑时的情况有所不同。图 3-4 给出了弹丸直径 $R=2$mm、喷丸速度 $v=200$m/s 时表面光滑与表面粗糙($Ra=12.7\mu$m)两种情况下的横向残余应力 S_{11} 的分布图。

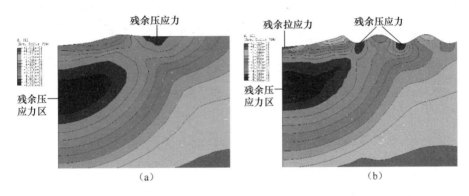

图 3-4 喷丸残余应力分布特征

(a) $R=2$mm, $Ra=0\mu$m, $v=200$m/s;(b) $R=2$mm, $Ra=12.7\mu$m, $v=200$m/s。

由图 3-4(a)可以看出,靶材表面光滑时,在撞击坑附近表层存在局部的残余压应力区。沿对称轴向下,残余压应力逐渐增大,残余压应力区轮廓线较为平滑饱满,之后残余压应力随深度的增加而逐渐减小,直至转变为残余拉应力。

如图 3-4(b)所示,靶材表面粗糙时,在撞击坑附近的表面凹陷处存在显著的局部残余压应力。表面撞击中心处产生了明显的残余拉应力,残余压应力区与表面光滑时相比变浅变薄。

3.2.3 表面粗糙度对喷丸残余应力的影响

考虑 4 个不同的表面粗糙度 Ra 下的横向残余应力分布(Ra 为 0μm、6.4μm、12.7μm 和 25.5μm)。图 3-5(a)给出了喷丸速度 $v=100$m/s 时 4 种不同的粗糙度下横向残余应力随深度 z 的变化图。由图 3-5(a)可以看出靶材表面光滑时,表面残余应力为压应力。随着表面粗糙度的增大,表面残余压应力不断减小,直至转化为表面拉应力并随粗糙度的增大而增大。最大残余压应力在 $Ra = 0 \sim 6.4 \mu m$ 范围内随粗糙度的增大而增加,而在 $Ra = 6.4 \sim 25.5 \mu m$ 范围内随表面粗糙度的增大而减小。最大残余压应力深度和残余压应力场深度随表面粗糙度的增大而减小。

图 3-5(b)给出了喷丸速度 $v = 200 m/s$ 时 4 个表面粗糙度下横向残余应力随深度的变化图。可以看出,随着喷丸速度的增加,表面粗糙度对残余应力的影响减弱。对比图 3-5(a)和(b)可以发现喷丸速度的提高会促使表面残余应力由压应力向拉应力转变。

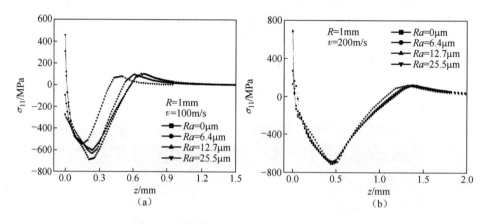

图 3-5 表面粗糙度对喷丸残余应力的影响
(a) $R = 1 mm, v = 100 m/s$;(b) $R = 1 mm, v = 200 m/s$。

综合以上分析可知,靶材表面粗糙度的增大会导致残余压应力减小,并使残余压应力区深度变浅变薄,甚至会在撞击面引入残余拉应力。因此,在实际生产中应提高加工精度,使靶材表面尽可能光滑,以获得理想的残余压应力分布。

3.2.4 考虑表面粗糙度时弹丸尺寸对残余应力的影响

考虑 3 个不同的弹丸尺寸 R 分别为 1mm、2mm、3mm。图 3-6(a)给出了喷丸速度 $v = 100 m/s$ 靶材表面光滑的情况下横向残余应力随深度 z 的变化图。由图 3-6(a)可以看出,表面光滑时弹丸尺寸对表面残余应力和最大残余压应力基本没有影响,而最大残余压应力深度和残余压应力场深度随弹丸半径的增大而增大。

图 3-6(b)给出了喷丸速度 $v = 100 m/s, Ra = 12.7 \mu m$ 时不同弹丸尺寸下横向残余应力随深度的变化图。由图可以看出,当表面粗糙度数值较大时,表面残余压应力转变为拉应力(正值)。$R = 2 mm$ 时,表面残余拉应力与最大残余压应力均取最小值,查看喷丸后的变形图(图 3-7)可以发现,当 $R = 2 mm$ 时靶材变形刚好达到表面凸出部分,而当 $R = 1 mm$ 和 $R = 3 mm$ 时,靶材变形刚好达到表面凹陷处。无论

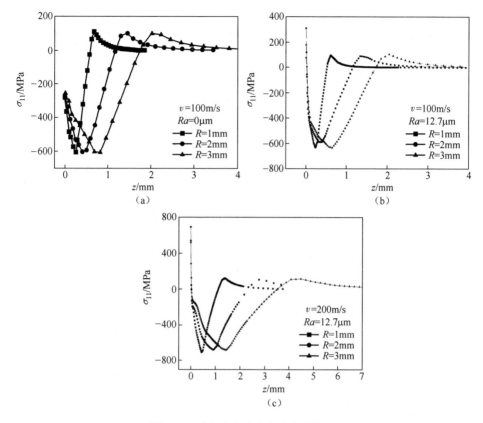

图 3-6 弹丸半径对残余应力的影响

(a) $Ra=0\mu m, v=100m/s$；(b) $Ra=12.7\mu m, v=100m/s$；(c) $Ra=12.7\mu m, v=200m/s$。

表面粗糙还是光滑，最大残余压应力深度和残余压应力场深度均随弹丸半径的增大而增大。值得注意的是，表面粗糙时的最大残余压应力深度明显小于表面光滑时的最大残余压应力深度，而表面粗糙度对残余压应力场深度的影响很小。

图 3-6(c) 给出了喷丸速度 $v=200m/s$ 时，不同弹丸尺寸下的横向残余应力随深度的变化曲线。对比图 3-6(a)、(b)和(c)可以看出，当喷丸速度增加时，上述影响趋势减弱。

3.2.5 考虑表面粗糙度时喷丸速度对残余应力的影响

由之前的分析可知，当喷丸速度增大时，表面粗糙度对喷丸残余应力的影响降低。因此有必要对低速和高速喷丸两个阶段分别进行研究。为了更清楚地说明喷丸速度对残余应力场的影响，图 3-8(c)和(d)给出了在表面光滑和表面粗糙两种情况下，4 个残余应力场特征量随喷丸速度的变化图。

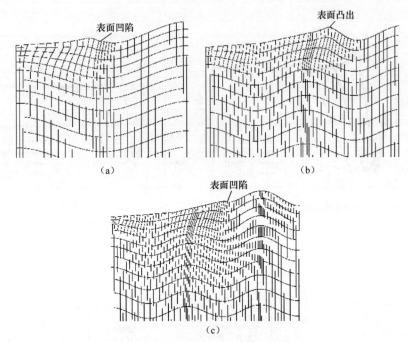

图 3-7 不同尺寸弹丸撞击下靶材的变形图（$Ra=12.7\mu m, v=100 m/s$）
(a) $R=1mm$; (b) $R=2mm$; (c) $R=3mm$。

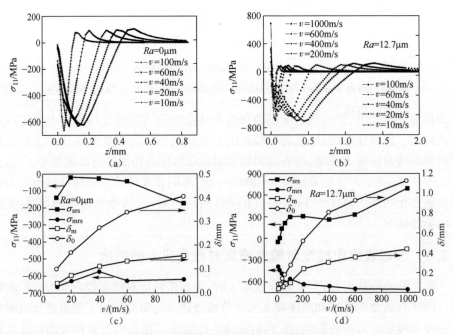

图 3-8 喷丸速度对残余应力的影响
(a)、(c) $Ra=0\mu m$; (b)、(d) $Ra=12.7\mu m$。

图 3-8(a)给出了靶材表面光滑时在低速冲击阶段(10~100m/s)喷丸速度对残余应力的影响。从图 3-8(c)可以看出,表面残余压应力在 10~20m/s 范围内随速度的增加而减小,而后随速度的增加而增大。最大残余压应力在 10~40m/s 范围内随速度的增加而减小,而后随速度的增加而增大。与传统的观点不同,在低速冲击阶段,较大的速度不一定能够获得较大的残余压应力。最大残余压应力深度和残余压应力场深度均随喷丸速度的增加而增大。

图 3-8(b)给出了靶材表面粗糙时($Ra=12.7\mu m$)喷丸速度对残余应力的影响。参由图 3-8(d)可以看出,靶材表面粗糙时,随着喷丸速度的增加,表面残余压应力转变为残余拉应力,并随喷丸速度的增加而增大。最大残余压应力随喷丸速度的增加而增大。最大残余应力深度和残余压应力场深度均随喷丸速度的增加而增大。当喷丸速度进一步增大时,这种影响趋势趋于稳定,即表面残余拉应力、最大残余压应力及其深度、残余压应力场深度均随喷丸速度的提高而增加。

3.3 喷丸过程中的能量转化和残余应力场

国内外学者对喷丸残余应力场及其影响因素进行了研究,并对喷丸疲劳强化作用进行了实验验证[10],研究的重点往往放在喷丸工艺参数对残余应力的影响上[18-21],却忽略了靶材的力学性能对残余压应力的影响,对喷丸过程中的能量转化问题也鲜有报道[22]。由于喷丸中的能量转化直接反映了喷丸效率,因此有必要从能量的角度对喷丸过程进行研究。本节分析了喷丸中的能量转化过程,采用有限元法建立了喷丸强化的三维有限元模型,分别研究了靶材力学性能和弹丸速度对能量转化率和残余应力分布的影响规律,为后续的深入研究提供参考和理论依据。

3.3.1 喷丸过程中的能量转化

喷丸过程中的能量转化可分为两个阶段。首先,在弹丸入射阶段,弹丸的初始动能转化为靶材的变形能;其次,在弹丸回弹阶段,靶材弹性变形恢复,返还给弹丸一部分动能。若为纯弹性接触,则弹丸在撞击过程中没有能量损失,入射动能等于回弹动能;若为弹塑性接触,则在撞击后只有部分动能返还,此外,还有部分动能转化为振动和表面热。本节所用到的符号及其含义如表 3-1 所列。

弹丸分别以入射角 α 和出射角 α' 射入并反弹过程中,定义速度返还率:

$$e_r = \frac{v_r \sin\alpha'}{v_i \sin\alpha} \qquad (3-2)$$

表 3-1 本节能量转化所用到的符号及其含义

参数符号	参数含义	参数符号	参数含义
E	弹性模量	ΔE	系统损失动能
ν	泊松比	σ_{11}	横向残余应力
σ_y	屈服强度	d	距离表面的深度
H	应变硬化率	R	弹丸半径
D_d	弹坑直径	C	覆盖率
σ_{mrs}	最大残余压应力	σ_{srs}	表面残余应力
Z_0	零残余应力深度	Z_m	最大残余压应力深度
ρ	密度	E_p	塑性应变能
v_i	入射初速度	E_e	弹性应变能
v_r	反弹速度	E_{Total}	系统总能量
e_r	速度返还率	E_d	耗散能
α	入射角	ALLKE	系统动能
t	时间	ALLIE	系统应变能
K	能量转化率	m	弹丸质量

显然对于纯弹性撞击过程有 $e_r = 1$,而对于弹塑性撞击过程则有 $0 < e_r < 1$。假设弹丸为理想刚体,即弹丸在撞击过程中不储存塑性应变能,则整个撞击过程中弹丸的动能损失为

$$\Delta E = \frac{1}{2}mv_i^2(1 - e_r^2) \tag{3-3}$$

弹丸损失的这部分动能转化为两部分:① 靶材的塑性变形能 E_p;② 能量耗散 E_d(如振动和表面热等),即

$$\Delta E = E_p + E_d \tag{3-4}$$

此外,不考虑内部功和摩擦力的影响(摩擦系数为0),即假设能量耗散为零,则弹丸损失的动能全部转化为靶材的塑性变形能:

$$\Delta E = E_p \tag{3-5}$$

定义能量转化系数 K:

$$K = \frac{\Delta E}{E_{Total}} = \frac{E_p}{E_{Total}} = \frac{\frac{1}{2}mv_i^2(1 - e_r^2)}{\frac{1}{2}mv_i^2} = 1 - e_r^2 \tag{3-6}$$

式中:E_{Total} 为系统总能量。

K 值越大,表示靶材吸收冲击能量的能力越强。

3.3.2 有限元模型

本节仅考虑了单丸粒喷丸的情况,它是进行喷丸成形和强化过程模拟的基础。弹丸半径为 $R=0.4$mm,靶材的尺寸为 $10R \times 10R \times 5R$ 可以削弱边界效应的影响。为了简化计算,根据对称性取1/4的试件进行分析。喷丸有限元模型及网格划分如图3-9所示。弹丸与靶材的接触面法向定义为硬接触,切向定义为无摩擦接触模式。在两个对称面和底面上分别约束其法向。弹丸入射方向为垂直入射($\alpha = 90°$),仅允许在两个方向(参照坐标系统)自由移动。

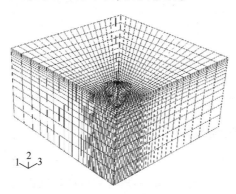

图3-9 喷丸有限元模型及网格划分

本节只关心碰撞瞬间的能量转化问题,因此忽略了阻尼的影响,在分析开始时弹丸和靶材处于接触状态。分析时间取 $t = 4 \times 10^{-5}$s,经计算验证,计算结束时系统动能趋于稳定。

弹丸设为铸钢丸,其密度 $\rho = 5500$kg/m³,为简化计算视其为刚体。靶材密度 $\rho = 7800$kg/m³,弹性模量 E 为 50~250GPa,泊松比 $\upsilon = 0.3$,假定靶材的屈服服从von Mises屈服准则,屈服强度 σ_y 为 200~600MPa。假设材料的塑性变形阶段为线性应变硬化,其应变硬化率 H 分别取 100MPa、800MPa 和 1500MPa。

弹丸在冲击的瞬间对靶材施加冲击载荷,这可以通过赋予弹丸质量和初始速度来实现。弹丸视为刚体,根据其半径和密度计算出质量,之后以点质量的形式将其定义在刚体弹丸的刚性参考点上。弹丸的入射初速度同样定义在刚性参考点上,取 $v_i = 100$m/s。

3.3.3 模型验证

高玉魁等[12]对40铬(Cr)钢的喷丸试验进行了研究,发现喷丸残余应力场与靶材力学性能和喷丸工艺参数有关,并在两者之间建立了如下关系:

$$\sigma_{\mathrm{mrs}} = 0.86\sigma_y - 51 \tag{3-7}$$

$$\sigma_{srs} = m(114 + 0.563\sigma_y) \quad (m = 0.99 \sim 1.1) \tag{3-8}$$
$$Z_0 = (1.41D_d - 0.18R)[1 + 0.009(C - 1)^{0.55}] \tag{3-9}$$
$$Z_m \approx 0.28Z_0 \tag{3-10}$$

将40Cr钢的力学参数输入有限元模型进行计算,得到的残余应力场特征参数与式(3-7)~式(3-10)的预测值进行对比(表3-2)。由表可以看出,本模型的计算结果与预测值能较好地吻合,证明本模型是合适、有效的。

表3-2 本节模拟结果与预测值[12]的对比

项目	本节模拟结果	预测值	误差/%
σ_{mrs}	698MPa	624MPa	10.6
σ_{srs}	427MPa	508MPa	15.9
Z_0	0.47mm	0.51mm	8.5
Z_m	0.15mm	0.14mm	6.7

3.3.4 靶材力学性能的影响

1. 弹性模量的影响

在本节分析中,不考虑振动和表面热对能量的耗散作用,系统能量仅在弹丸的动能和靶材的应变能之间转化。靶材弹性模量对系统动能、能量转化率和残余应力场的影响如图3-10所示。

图3-10(a)表明,随着靶材弹性模量的增加,系统动能在入射阶段的衰减速度加快,而在弹性恢复阶段所返还的动能减小,即随着靶材弹性模量的增加,其吸收能量的能力增强,能量转化率K的值也随之增大。

由图3-10(b)可以看出,能量转化率K与靶材的弹性模量呈现出非线性单调递增的关系。

图3-10(c)给出了不同弹性模量下,横向残余应力在深度方向的变化图。由图3-10(c)可以看出,随着靶材弹性模量的增加,表面残余压应力减小,并向拉应力转变。靶材弹性模量为50~100GPa,最大残余应力随弹性模量的增加而增大,而后随弹性模量的增加而减小。

2. 屈服强度的影响

图3-11(a)给出了不同的靶材屈服强度下,系统动能随时间的变化图。可以看出,随着靶材屈服强度的提高,在入射阶段系统动能衰减速度加快;在弹性恢复阶段,返回的动能随靶材屈服强度的提高而增加。

图3-11(b)给出了能量转化率K值与靶材屈服强度的关系曲线图。由图可以看出,K值随靶材屈服强度的增加而近似呈线性单调递减,即靶材吸收冲击能量的能力随屈服强度的增加而降低。

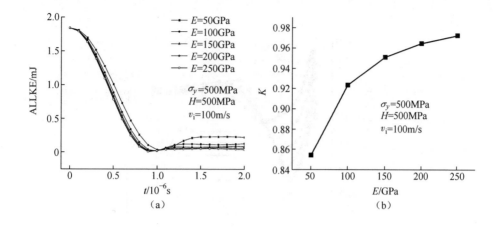

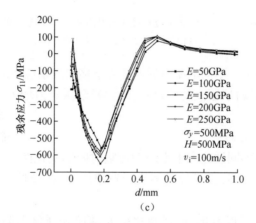

图 3-10 靶材弹性模量对能量转化和残余应力分布的影响
(a) ALLKE 值;(b) K 值;(c) 残余应力 σ_{11}。

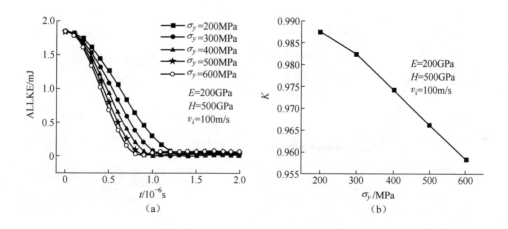

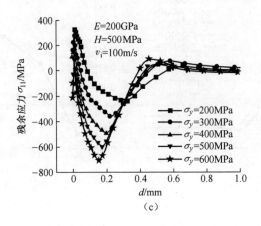

图 3-11　靶材屈服强度对能量转化和残余应力分布的影响
(a)ALLKE 值；(b)K 值；(c)残余应力 σ_{11}。

图 3-11(c)给出了不同的靶材屈服强度下横向残余应力沿深度的变化图。由图可以看出，随着靶材屈服强度的提高，最大残余压应力增大，同时残余压应力场深度变浅。

3. 应变硬化率的影响

图 3-12(a)是不同硬化率下系统动能随时间的变化图。由图可以看出，随着硬化率的提高，在入射阶段系统动能衰减速率增加，在弹性恢复阶段返回的动能增加。

由图 3-12(b)可以看出，能量转化率 K 随应变硬化率的提高而单调线性减小，即靶材吸收冲击能量的能力减弱。

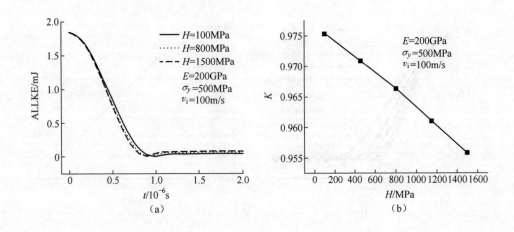

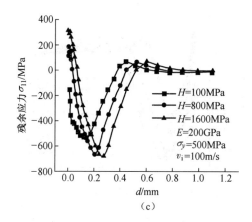

(c)

图 3-12 靶材应变硬化率对能量转化和残余应力分布的影响
(a) ALLKE 值;(b) K 值;(c) 残余应力 σ_{11}。

图 3-12(c)给出了横向残余应力随深度的变化图。由图可以看出,随着应变硬化率的提高,表面残余压应力减小,并向拉应力转变,最大残余压应力和残余压应力场深度均随应变硬化率的提高而增加。

3.3.5 弹丸速度的影响

如图 3-13(a)所示,随着时间的增加,入射阶段系统动能的衰减速率增大,且在弹性恢复阶段返回的动能增加。图 3-13(b)显示能量转化率 K 随喷射速度的提高而增加。图 3-13(c)给出了不同喷射速度下的横向残余应力分布随深度的变化图。由图可以看出,表面残余压应力随喷丸速度的提高而减小,直至转化为表面拉应力。最大残余压应力及其深度均随喷射速度的提高而增加。

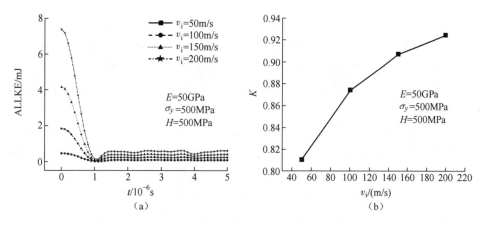

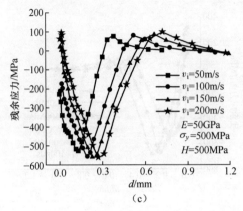

图 3-13 弹丸速度对能量转化和残余应力分布的影响
(a)ALLKE;(b)K 值;(c) 残余应力 σ_{11}。

3.4 摩擦系数对喷丸中残余应力场的影响

大多数对喷丸处理的研究是基于靶材表面理想光滑的假设。事实上由于加工和成形的影响,靶材表面在微观上往往是粗糙的,因此在喷丸过程中弹丸与靶材之间存在一定的摩擦。目前,喷丸过程中摩擦系数对能量转化和残余应力分布的影响尚鲜有报道。本节采用有限元法建立了喷丸过程的三维有限元模型,旨在揭示摩擦系数对能量转化和残余应力分布的影响规律,为后续深入的研究提供参考和理论依据。

3.4.1 有限元模型

本节采用 ABAQUS 软件进行有限元分析,有限元模型及网格划分如图 3-14 所示。弹丸半径 R 为 0.4mm,靶材的尺寸为 $10R×10R×10R$ 可以削弱边界效应的影响。弹丸与靶材的接触面法向定义为硬接触,切向定义为无摩擦接触模式。在两个对称面和底面上分别约束其法向。弹丸入射方向为垂直入射,仅允许在 Z 方向(参照图 3-14 坐标系统)自由移动。

本节采用 ABAQUS 软件中的动态显式算法,只关心碰撞瞬间的能量转化问题,因此忽略了阻尼的影响,在分析开始时弹丸和靶材处于接触状态。分析时间 $t=1×10^{-5}$ s,经计算验证,计算结束时碰撞过程已经结束,弹丸被弹开,系统动能趋于稳定。弹丸为铸钢钢丸,密度 $\rho=5500$ kg/m³,为简化计算视其为刚体。靶材为航空用铝合金 2024,密度 $\rho=2800$ kg/m³,弹性模量 E 为 69GPa,泊松比 $\upsilon=0.3$。假定靶材的屈服服从 Von Mises 屈服准则,屈服强度为 340MPa,塑性变形阶段假设为线性应变硬化,应变硬化率 $H=917\mathrm{MPa}$。

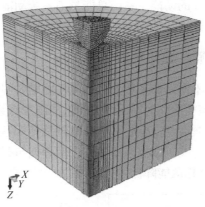

图 3-14　喷丸有限元模型及网格划分

弹丸在冲击的瞬间对靶材施加冲击载荷,这可以通过赋予弹丸质量和初始速度来实现。弹丸为刚体,根据其密度和半径计算出其质量,然后以点质量的形式将其定义在弹丸刚体的参考点上。弹丸的初速度同样定义在刚性参考点上,取 v_i 为 $100\mathrm{m/s}$。

3.4.2　能量守恒

图 3-15 给出了喷丸过程中能量分布随时间的变化曲线。由图可以看出,系统动能随时间的增加而迅速减少,这是由于在撞击靶材过程中弹丸动能迅速转化

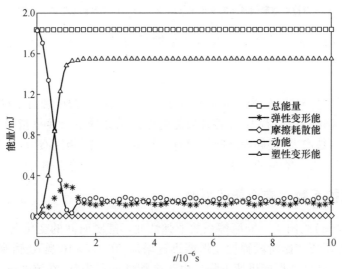

图 3-15　喷丸过程中能量分布随时间的变化曲线

为塑性耗散能、靶材弹性变形能和摩擦耗散能。撞击结束后部分靶材弹性变形能由于弹性恢复转化为弹丸的动能。系统总能量为系统动能、靶材塑性变形能、靶材弹性变形能和摩擦耗散能之和,其大小保持恒定。

3.4.3 摩擦系数对喷丸摩擦耗散能的影响

图3-16(a)给出了不同摩擦系数下摩擦耗散能随时间的变化图。由图可以看出,摩擦系数为零时摩擦耗散能为零。摩擦耗散能随摩擦系数的增大而减少,摩擦系数$f=0.1$时摩擦耗散能最大,这是由于摩擦耗散能不仅与摩擦系数有关,还与接触面之间的相对位移有关。摩擦系数过大会使弹丸与靶材之间的接触面相对位移迅速减小,从而使摩擦耗散能降低。

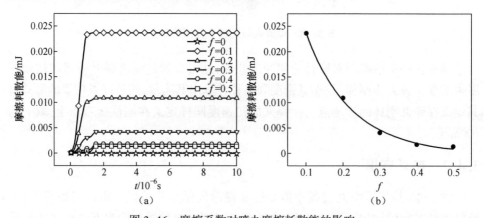

图3-16 摩擦系数对喷丸摩擦耗散能的影响
(a)摩擦耗散能随时间的变化图;(b)摩擦耗散能随摩擦系数的变化图。

图3-16(b)给出了摩擦耗散能随摩擦系数的变化图。摩擦耗散能计算公式为

$$E_f = F_n \cdot f \cdot s \tag{3-11}$$

式中:E_f为摩擦耗散能;F_n为法向接触力;f为摩擦系数;s为接触面相对位移。

由图3-16(b)可以看出,摩擦耗散能随摩擦系数的增大而呈指数级衰减。这是由于摩擦系数增大,接触面之间的相对位移减少。当摩擦系数$f=0.1$时摩擦耗散能最大,但只占总能量的1.25%,因此摩擦对喷丸能量的影响可以忽略。

3.4.4 摩擦系数对变形能的影响

图3-17(a)给出了不同摩擦系数下弹性变形能随时间的变化图。由图3-17可以看出,在碰撞初始阶段弹性变形能迅速增加,在1.0×10^{-6}s处达到峰值,随后由于弹性恢复弹性变形能迅速下降。由于弹塑性变形失配,在弹丸弹开仍残余一部分弹性变形能,在2.0×10^{-6}s时趋于稳定。摩擦系数的存在使弹性变形能增大,

这是由于摩擦力的存在使弹丸撞击的影响区域变大、塑性变形能减小而弹性变形能增大。

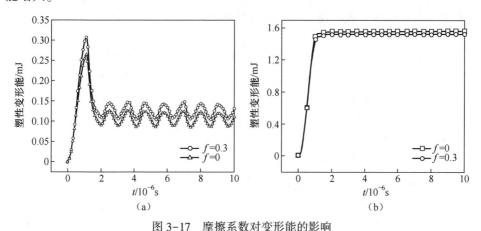

图 3-17 摩擦系数对变形能的影响

（a）摩擦系数对弹性变形能的影响；（b）摩擦系数对塑性变形能的影响。

图 3-17(b)给出了塑性变形能随时间的变化图。由图可以看出，塑性变形能在撞击后迅速增加，在 $1.0×10^{-6}$ s 处达到峰值。由于塑性变形不可恢复，塑性变形能在达到峰值之后保持恒定，塑性变形能随摩擦系数的增大而减小。

3.4.5 摩擦系数对喷丸残余应力分布的影响

图 3-18 给出了不同摩擦系数下的喷丸残余应力分布图。由图可以看出，摩擦系数的存在使得表面残余应力由拉应力向压应力转变，同时使得残余压应力区变厚，应力分布的连续性较好；相反，在表面理想光滑的情况下，表面往往出现残余拉应力，对材料的疲劳强化不利，且应力分布的连续性较差。

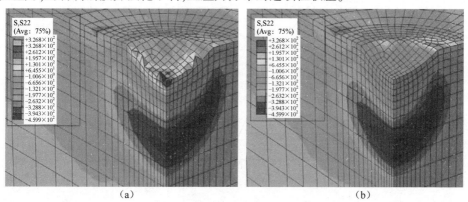

图 3-18 不同摩擦系数下的喷丸残余应力分布图

(a)$f=0$；(b)$f=0.3$。

图 3-19 给出了不同摩擦系数下喷丸残余应力沿深度方向的分布。由图可以看出,摩擦力的存在使得最大残余压应力变大,残余压应力区变深,但影响程度十分有限。摩擦系数对表面残余压应力的影响较大。

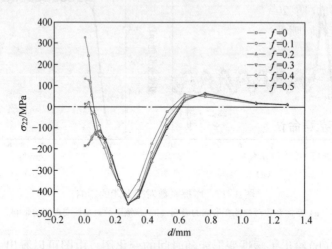

图 3-19　不同摩擦系数下喷丸残余应力沿深度方向的分布

图 3-20 进一步给出了表面残余应力随摩擦系数的变化图。由图可以看出,表面残余应力先是随摩擦系数的增大由拉应力向压应力转变,在经过一个平台期后,又开始随摩擦系数的增大由压应力向拉应力转变,即存在最佳的摩擦系数使得表面残余应力最小,并趋向于压应力,从而有利于材料疲劳性能的提高。

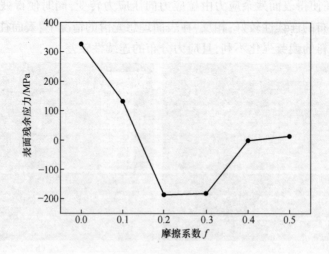

图 3-20　表面残余应力随摩擦系数的变化图

3.5 疲劳寿命试验

关于喷丸介质,20世纪60年代在航空工业采用玻璃丸。随后又采用铸铁丸和铸钢丸。目前,喷丸强化使用的丸粒主要有铸钢丸、陶瓷丸和玻璃丸。不同弹丸撞击靶材时产生不同的残余压应力场,并且压应力层深度也不相同。本节通过试验的方法,研究玻璃丸、铸钢丸等不同喷丸介质下的构件疲劳寿命,并对其疲劳断口进行了分析。

3.5.1 疲劳寿命试验设置

疲劳试验所用的试验件如图3-21所示,各尺寸为$L_1 = 250$ mm,$L_2 = 45$ mm,$L_3 = 18$ mm,$R = 110$ mm。试验件分为A、B、C 3组,每组8件,共24件。所有试验件加工工艺均相同。A组试验件用铸钢丸喷丸强化,B组试验件用玻璃丸喷丸强化,C组试验件为未喷丸强化件。喷丸覆盖率为100%。

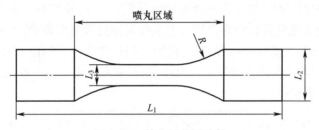

图3-21 喷丸强化试验件

疲劳试验加载设备选用INSTRON 8801液压伺服试验机,如图3-22所示。加载频率为10Hz,最大载荷为250MPa,应力比$R = 0.1$。

图3-22 喷丸疲劳试验装置

3.5.2 疲劳寿命试验数据对比分析

疲劳试验数据统计结果如表 3-3 所列。

表 3-3 疲劳试验数据统计结果

试件种类	铸钢丸喷丸试验件(A组)	玻璃丸喷丸试验件(B组)	未喷丸试验件(C组)
疲劳寿命/周	162398	176264	151882
	121880	118750	109301
	156727	97130	80082
	234456	146431	71902
	272248	96276	81288
	220240	127410	103707
	264410	84277	87105
	179097	224595	167540

为了研究喷丸强化对疲劳寿命的影响,分别做出了玻璃丸强化件、铸钢丸强化件与未喷丸强化件之间的疲劳寿命对比图(图 3-23),分散系数为 2。由图 3-23(a)可知,铸钢丸强化件疲劳寿命均大于未喷丸强化件疲劳寿命,且有 3 个点超过寿命线两倍;由图 3-23(b)可知,对于玻璃丸强化件而言,仅有一个点落在等寿命线附近,其余点均在等寿命线以上。总体来看,喷丸强化件疲劳寿命与未喷丸强化件相比得到显著提高。

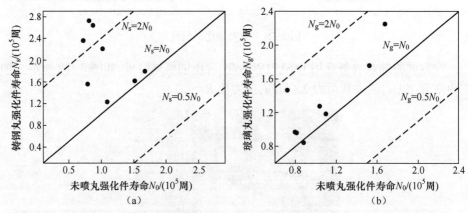

图 3-23 疲劳寿命对比图(N_g、N_s 和 N_0 分别为玻璃丸、铸钢丸和未喷丸强化件疲劳寿命)
(a) 铸钢丸强化件和未喷丸强化件;(b) 玻璃丸强化件和未喷丸强化件。

玻璃丸强化件与铸钢丸强化件之间的疲劳寿命对比如图 3-24 所示。由图 3-24 可知,有两个点在等寿命线附近,而只有一个点在 1/2 寿命线和等寿命线之间,剩余的 5 个点均在等寿命线以上,其中有两个点超过寿命线 2 倍。总体来看,铸钢丸强化件疲劳寿命最长,玻璃丸强化件寿命次之,未喷丸件寿命最低。

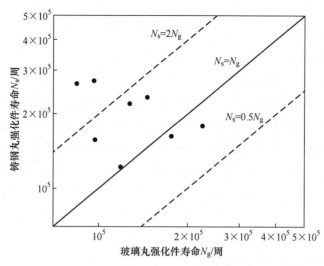

图3-24 铸钢丸和玻璃丸疲劳寿命对比分析

将表3-3中的3组疲劳寿命对数化后,彼此之间采用 t 检验法来评价表面喷丸强化效果。

A组与C组对比如下。

(1) 计算子样平均值 $\bar{x}$ 和方差 s^2。对于A组试件,子样大小 $n_1=8$,有

$$\overline{x_1} = \frac{1}{n_1}\sum_{i=1}^{n_1} x_{1i} = 5.289 \tag{3-12}$$

$$s_1^2 = \frac{1}{n_1-1}\sum_{i=1}^{n_1}(x_{1i}-\overline{x_1})^2 = \frac{1}{n_1-1}\left(\sum x_{1i}^2 - n\overline{x_1}^2\right) = 0.015 \tag{3-13}$$

对于C组试件,子样大小 $n_3=8$,有

$$\overline{x_3} = \frac{1}{n_3}\sum_{i=1}^{n_3} x_{3i} = 5.009 \tag{3-14}$$

$$s_3^2 = \frac{1}{n_3-1}\sum_{i=1}^{n_3}(x_{3i}-\overline{x_3})^2 = \frac{1}{n_3-1}\left(\sum x_{3i}^2 - n\overline{x_3}^2\right) = 0.018 \tag{3-15}$$

(2) F 检验。在应用 t 检验法之前,必须通过 F 检验。计算 F 值时,把较大的方差0.018作为分子,较小的方差0.015作为分母,则

$$F = \frac{0.018}{0.015} \approx 1.2 \tag{3-16}$$

分子自由度对应较大的方差,其值为8-1=7;分母自由度为8-1=7。取显著度 $\alpha=5\%$,则查表得 $F_\alpha=4.99$。因 $F<F_\alpha$,表示两个母体标准差相等,$\sigma_1=\sigma_3$。

(3) t 检验。计算 t 值：

$$t = \frac{\bar{x}_1 - \bar{x}_3}{\sqrt{s_1^2 + s_3^2}}\sqrt{n} = 4.37 \tag{3-17}$$

其自由度为

$\nu = n_1 + n_3 - 2 = 8+8-2 = 14$

取 $\alpha=5\%$，由查表得 $t_\alpha=2.145$。因 $t>t_\alpha$，故可得出结论：就疲劳寿命而言，两种试件的疲劳寿命差异是显著的。又因 $\bar{x}_1>\bar{x}_3$，可知铸钢丸喷丸件疲劳寿命较长。

(4) 区间估计。为了比较铸钢丸喷丸件比未喷丸件的疲劳寿命大致高多少，选取置信度 $\gamma=95\%$，仍有附表查的 $t_\gamma=2.145$。因为 $\bar{x}_1>\bar{x}_3$，故有区间估计式：

$$(\bar{x}_1 - \bar{x}_3) - t_\gamma s_{13}\sqrt{\frac{1}{n_1}+\frac{1}{n_3}} < \mu_1 - \mu_3 < (\bar{x}_1 - \bar{x}_3) + t_\gamma s_{13}\sqrt{\frac{1}{n_1}+\frac{1}{n_3}} \tag{3-18}$$

置信上限和置信下限分别为

$$(\bar{x}_1 - \bar{x}_3) + t_\gamma s_{13}\sqrt{\frac{1}{n_1}+\frac{1}{n_3}} = (5.29 - 5.01) + 2.145 \times 0.129 \times 0.5 = 0.41892 \tag{3-19}$$

$$(\bar{x}_1 - \bar{x}_3) - t_\gamma s_{13}\sqrt{\frac{1}{n_1}+\frac{1}{n_3}} = (5.29 - 5.01) - 2.145 \times 0.129 \times 0.5 = 0.14222 \tag{3-20}$$

95% 的置信水平的区间估计为

$$0.14222 < \mu_1 - \mu_3 < 0.4183525 \tag{3-21}$$

按式 (3-18) 的形式可得

$$0.14222 < \lg\frac{[N_{50}]_1}{[N_{50}]_3} < 0.4183525 \tag{3-22}$$

将式 (3-22) 中各项均取反对数，则得

$$1.387458 < \frac{[N_{50}]_1}{[N_{50}]_3} < 2.623735 \tag{3-23}$$

式 (3-23) 表明，在 95% 的置信水平下，铸钢丸喷丸件中值疲劳寿命是未喷丸件中值疲劳寿命的 1.39~2.62 倍。

重复以上步骤，B 组与 C 组相比可以得出：在 95% 的置信度下，玻璃丸喷丸件中值疲劳寿命是未喷丸件中值疲劳寿命的 0.88~1.76 倍；A 组与 B 组相比可以得出：在 95% 的置信水平下，铸钢丸喷丸件中值疲劳寿命是玻璃丸喷丸件中值疲劳寿命的 1.09~2.13 倍。

3.5.3 疲劳断口分析

由于不同的弹丸种类形成的残余压应力场以及压应力层深度有所差异,因而对疲劳断口形貌产生不同的影响。图 3-25 给出了两种弹丸种类下喷丸件的典型断口形貌。由图可以看出,疲劳裂纹以角裂纹的形式在试件边缘形核,并呈扇形向外扩展,形成疲劳裂纹扩展区。此外铸钢丸喷丸件疲劳断口比玻璃丸喷丸件疲劳断口更具光泽。这是由于铸钢丸喷丸件的裂纹扩展速率较慢,裂纹张开面之间相互磨擦时间也较长,导致断口呈现出贝壳状的光泽面。

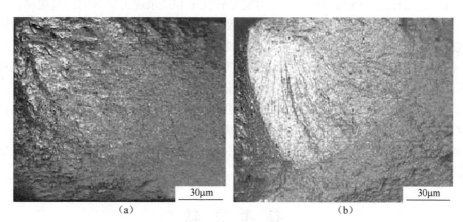

图 3-25 喷丸强化断口形貌
(a) 玻璃丸喷丸强化典型断口;(b) 铸钢丸喷丸强化典型断口。

3.6 小　　结

近年来,喷丸强化技术已经成为一种简单有效的表面强化方法,被广泛应用于航空航天、汽车等领域。目前,国内外学者对喷丸强化原理、残余应力场以及有限元模拟等方面进行了大量的研究。本章基于有限元模拟和疲劳试验对喷丸强化过程中的残余应力场进行了分析,研究了各因素对其周向残余压应力的影响。

3.1 节对喷丸强化工艺及其机制进行了简单的介绍,喷丸强化的原理主要是利用高速飞行的弹丸流撞击金属材料表面,从而引入残余压应力场,达到提高强化件疲劳寿命的目的。研究喷丸强化工艺的机制,是为后面的有限元模拟和残余应力场分析提供理论依据。

3.2 节主要是利用有限元分析软件 ABAQUS 来定性研究靶材表面粗糙度对喷

丸残余应力场的影响。本节首先通过分析软件 ABAQUS 对喷丸过程进行模拟,分析了表面粗糙与表面光滑情况的残余应力分布特征;然后通过改变参数-表面粗糙度,研究了不同靶材表面粗糙度下的残余应力场;最后对比分析了表面粗糙和表面光滑两种情况下喷丸速度和弹丸尺寸对残余应力场的影响,进而找出靶材表面粗糙度对喷丸残余应力场的影响规律。

3.3 节从能量的角度研究了靶材力学性能和弹丸速度对喷丸残余应力场的影响。本节首先对喷丸过程中的能量转化过程进行了分析;然后采用有限元法建立了喷丸强化的三维有限元模型,并对模型进行了验证;最后通过上述有限元模型分别研究了靶材力学性能和弹丸速度对能量转化率和残余应力分布的影响规律。

3.4 节采用有限元法揭示了摩擦系数对能量转化和残余应力分布的影响规律。本节首先通过 ABAQUS 建立了喷丸过程的三维有限元模型,研究了喷丸过程中的能量分布情况;其次分析了摩擦系数对其能量转化和残余应力分布的影响规律,为后续的深入研究提供了参考和理论依据。

3.5 节对玻璃丸、铸钢丸等不同喷丸介质下的构件进行了大量的疲劳寿命试验,对比分析了不同喷丸介质下的构件疲劳寿命,并采用 t 检验法对其表面喷丸强化效果进行了评价,最后分析了玻璃碗和铸钢丸两种喷丸介质下构件的疲劳断口情况。

参 考 文 献

[1] 曾元松,黄遐,李志强.先进喷丸成形技术及其应用与发展[J].塑性工程学报,2006,13(3):23-29.

[2] 李金魁,李海涛,姚枚.喷丸产生的残余拉应力场及材料的内部疲劳极限[J].航空学报,1999,22(7):369-375.

[3] 魏晓明,徐志雄,王辉.圆角喷丸铝合金材料疲劳特性的试验研究[J].热加工工艺,2012,41(4):150-152.

[4] DALAEI K,KARLSSON B,SVENSSON L E.Stability of residual stresses created by shot peening of pearlitic steel and their influence on fatigue behaviour[J].Procedia Engineering,2010,2:613-622.

[5] DALAEI K,KARLSSON B,SVENSSON L E.Stability of shot peening induced residual stresses and their influence on fatigue life time[J].Materials Science and Engineering A,2011,528:1008-1015.

[6] 栾伟玲,涂善冬.喷丸表面改性技术的研究进展[J].中国机械工程,2005,16(15):1405-1409.

[7] 高玉魁.高强度钢喷丸强化残余压应力场特征[J].金属热处理,2003,28(4):42-44.

[8] 闫五柱,刘军,温世峰,等.喷丸过程中的能量转化及残余应力分布研究[J].振动与冲击,

2011,30(6):139-142.
[9] 李荣斌,王相虎,张静,等.S30342 钢表面喷丸残余应力场分析[J].热加工工艺,2012,41(2):183-186.
[10] CARVALHOA A L M,VOORWALDB H J C.The surface treatment influence on the fatigue crack propagation of Al 7050-T7451 alloy[J].Materials Science and Engineering A,2009,505(A):31-40.
[11] HONG T,OOI J Y,SHAW B.A numerical simulation to relate the shot peening parameters to the induced residual stresses[J].Engineering Failure Analysis,2008,15:1097-1110.
[12] GAO Y K,YAO M,LI J K.An analysis of residual stress fields caused by shot peening[J].Metallurgica and Materials Transactions A,2002,33A (6):1775-1778.
[13] H-GANGARAJ S M,ALVANDI-TABRIZI Y,FARRAHI G H,et al.Finite element analysis of shot-peening effect on fretting fatigue parameters[J].Tribology International,2010,44:1583-1588.
[14] 高玉魁.超高强度钢喷丸表面残余应力在疲劳过程中的松弛规律[J].材料热处理学报,2007,28:102-105.
[15] LIU W C,DONG J,ZHANG P,et al.Improvement of fatigue properties by shot peening for Mg-10Gd-3Y alloys under different conditions[J].Materials Science and Engineering A,2011,528:5935-5944.
[16] 凌祥,彭薇薇,倪红芳.喷丸三维残余应力场的有限元模拟[J].机械工程学报,2006,42(8):182-189.
[17] 陈勃,高玉魁,吴学仁,等.喷丸强化 7475-T7351 铝合金的小裂纹行为和寿命预测[J].航空学报,2010,33(3):519-525.
[18] 李金魁,姚枚,王仁智.喷丸强化的综合效应理论[J].航空学报,1992,13 (A):670-677.
[19] 米谷茂.残余应力的产生和对策[M].北京:机械工业出版社,1983.
[20] 钱伟长.穿甲力学[M].北京:国防工业出版社,1984.
[21] 刘锁.金属材料的疲劳性能与喷丸强化工艺[M].北京:国防工业出版社,1977.
[22] PILIPENKO A.Computer simulation of residual stress and distortion of thick plates in multi-electrode submerged arc welding[D].Torgardan,Norway:Norwegian university of Science and Technology,2001.

第4章 表面冷挤压强化

近年来,冷挤压表面强化技术被广泛应用在现代航空工业中来提高飞机开孔构件的抗疲劳性能。冷挤压是通过外力将变截面的芯轴从开孔中穿过,从而在孔边发生显著的塑性变形。在卸载过程中,孔周的弹塑性变形失配导致在孔边产生残余压应力区[1-4]。冷挤压方法不仅可以产生残余压应力,而且可以改善孔壁表面的金属结构,已经成为提高钉孔寿命的重要方法之一。目前,诸多研究表明孔周压缩应力能够有效提高紧固孔的抗疲劳性能。因此,残余压应力场的研究就显得尤为重要。本章借助有限元分析和相关试验技术,分析了冷挤压技术对开孔构件疲劳寿命和残余应力场的影响。

4.1 冷挤压工艺

目前的冷挤压强化技术主要分为带衬套挤压与不带衬套(直接芯棒冷挤压)挤压两种。在冷挤压过程中,衬套的引入不仅可以避免孔周材料在挤压过程中由摩擦力和过盈接触引起的孔边初始损伤,还能使其孔周残余压应力的分布更加均匀。本节主要介绍了两种带衬套冷挤压强化工艺(开缝衬套冷挤压工艺和压合衬套冷挤压工艺)以及两种残余应力均匀化工艺(带斜度衬套冷挤压工艺与双向冷挤压工艺),为之后冷挤压过程中的有限元模拟分析其残余应力场奠定了基础。

4.1.1 开缝衬套冷挤压工艺

冷挤压工艺是除细节设计外提高飞机机体结构孔抗疲劳性能的主要手段[5]。冷挤压强化的主要原理是将一个过盈芯棒穿过强化孔,在紧固孔周围引入周向残余压应力,使在远场疲劳载荷下的局部循环应力水平下降,从而达到疲劳强化的目的。同时,冷挤压强化后材料表面晶粒得到进一步细化,延迟了疲劳裂纹的萌生。

现有紧固孔的冷挤压技术一般是将过盈芯棒从孔的一侧(挤入端)挤入,从另一侧(挤出端)拔出,开缝衬套的冷挤压过程如图4-1所示。引入一个开缝衬套的主要目的是保护孔边缘的材料不受撕裂,或者保护孔不受高干扰引起的强烈摩擦的影响。在冷挤压过程中常采用润滑液以减少元件本身的摩擦,这种冷挤压技术的优势在于对操作空间要求较低,但是挤压过程往往伴随着材料的流动,挤压过后的强化孔和衬套呈"喇叭"形。

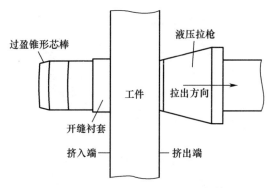

图4-1 开缝衬套的冷挤压过程示意图

4.1.2 压合衬套冷挤压工艺

1. 干涉量

干涉量是压合衬套冷挤压技术中关键的工艺参数,直接影响此工艺带来的疲劳寿命增益效果[6]。若干涉量过小,弹塑性变形区域小,形成不了相应的塑变强化层,残余压应力场减弱,且在疲劳加载过程中易产生微动疲劳,影响强化效果;若干涉量过大,在孔周易产生裂纹及微观缺陷,且挤出面孔口材料堆积现象明显,影响疲劳寿命的提高。干涉量大小主要取决于材料的力学性能和初孔直径,通过多次疲劳寿命试验才能确定合理的挤压量。在有限元分析中,一般可以通过改变冷挤压中的芯棒最大直径和衬套厚度来获得不同干涉量并进行分析,其表达式为

$$干涉量 = \frac{挤压量}{衬套内半径} \times 100\% \tag{4-1}$$

和
$$挤压量 = 芯棒最大半径 - 衬套内半径 \tag{4-2}$$

2. 压合衬套冷挤压

压合衬套冷挤压技术最早被美军用于军用飞机关键部位连接耳片的维修,现已发展成一种表面疲劳强化工艺。由于压合衬套冷挤压技术的优势,欧美发达国家已将其应用于现役战机中。美国F-18"大黄蜂"和F22"猛禽"战机关键连接结构均已大面积采用了压合衬套冷挤压技术,取得了良好的疲劳增益效果。

目前,国内外尚未见压合衬套冷挤压孔周残余应力均匀化相关报道。美国疲劳技术公司(FTI)和美国西海岸公司(WCI)出口到我国主机航空厂(所)的压合衬套及相关设备均为其第一代产品,衬套主要有"直通型"和"法兰型"两种(图4-2),采用的工艺为过盈芯棒穿孔强化。压合衬套冷挤压工艺流程如图4-3所示,采用无缝环形衬套,在芯棒干涉通过强化孔后,衬套留在强化孔上,并铰削至终孔直径。

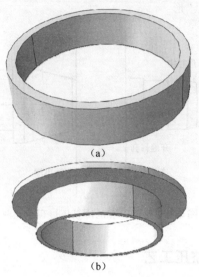

图4-2　FTI公司第一代压合衬套示意图
(a)直通型；(b)法兰型。

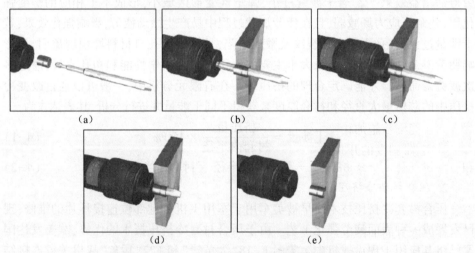

图4-3　ForceMate压合衬套冷挤压工艺流程
(a)将干膜润滑衬套滑入芯棒；(b)将衬套和芯棒组合插入初孔；(c)将芯棒细端插入拉枪；
(d)启动拉枪(确保鼻顶帽顶紧)；(e)铰削衬套至终孔尺寸。

相比于传统的直接芯棒冷挤压和开缝衬套冷挤压，压合衬套冷挤压具有以下优势：挤压后衬套留在孔壁上，铰削衬套时不会对孔壁造成初始损伤；残余压应力强化和干涉强化(衬套与孔壁"支撑效应")同时存在；避免原工件在冷挤压过程中产生初始摩擦损伤或划伤；产生的孔周残余应力更连续均匀。

4.1.3 残余应力均匀化工艺

1. 带斜度衬套冷挤压工艺

传统的冷挤压过程是通过将一个过盈芯棒从孔的一侧拉到另一侧来实现的。周向残余压应力的分布在厚度方向上一般不均匀,最小的残余压应力发生在挤入面附近,而最大的残余压应力发生在出口面附近,在挤入面附近可能会诱发残余拉应力,不利于提高开孔的抗疲劳性能[7-10]。因此,将挤入面附近的有害残余拉应力转化为有益残余压应力对提高开孔的抗疲劳性能是非常有利的。

近年来,一些研究人员利用多扇区的开缝衬套[7-12]来实现周向残余压应力的均匀分布,但相邻扇区之间的间隙有可能导致孔边缘的初始损坏。采用单个直通型衬套的压合衬套冷挤压安装方案虽然操作较为简单,但是孔边切向残余应力沿厚度方向分布不均匀,在挤入面的孔边残余压应力较小,甚至出现残余拉应力(图4-19),对孔的疲劳寿命提高不利。因此,本书提出了一种双衬套冷挤压压合安装工艺,该工艺使压合衬套安装后的孔壁切向残余压应力在厚度方向分布均匀化,并消除挤入端的切向残余拉应力,进一步提升了孔的疲劳强化效果。

如图4-4所示,这种带斜度衬套冷挤压工艺方案是基于直通型压合衬套冷挤压安装工艺作出的一些改进,其主要措施为:① 在直通型压合衬套内侧添加辅助衬套,该辅助衬套为法兰型,凸台部分搭在孔边挤入面上,受挤压段带有一定斜度,靠近挤入面为薄端,靠近挤出面为厚端,并包含多个开缝;② 挤压芯棒整个工作段为带有一定斜度的锥形芯棒(不包含平直段),且与辅助衬套斜度相同,使得在厚度方向上能同步施加相同干涉量;③ 干涉量可以通过芯棒的拉拔位移来控制。

其实,带斜度的开缝衬套最早由保加利亚学者提出,并申报了相关专利。该衬套的优势是减小了挤压时的材料流动,在孔壁不同厚度位置处能够同步施加同样水平的干涉量,从而在厚度方向上产生均匀的切向残余压应力分布。对辅助衬套开缝后有两个益处:一是能够保证在厚度方向上施加的是纯的均匀的径向干涉量,从而在厚度方向上产生均匀的切向残余压应力;二是消除辅助衬套的切向应力,保证拉拔力都用在施加径向干涉量上。但在冷挤压过程中单独采用带斜度的无缝衬套也不可取,会致使其衬套的切向刚度在厚度方向上是不均匀的,导致在同样的挤压量下衬套的切向应变沿厚度方向分布不均匀,在孔边产生的切向残余应力也不均匀,且在铰削阶段不容易控制铰削质量。

基于以上考虑,本工艺采用两个衬套的组合来实现压合衬套安装,既能充分体现带斜度开缝衬套的优势,又不会在孔边产生初始的脊状挤压损伤。带斜度的开缝衬套能够保证挤压后切向残余压应力在厚度方向上是均匀的,而开缝位置处经过压合衬套的缓冲,也不会在孔边产生脊状凸起。在拆卸完辅助衬套后,铰削质量

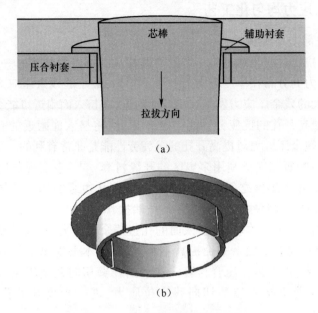

图 4-4　带斜度衬套冷挤压工艺
(a)带斜度衬套冷挤压；(b) 辅助衬套。

容易控制。

该带斜度衬套冷挤压的安装工艺流程如图 4-5 所示。首先将工件、压合衬套、辅助衬套和芯棒装配完毕，鼻顶帽顶住压合衬套的挤出端面，并与工件平齐；其次将芯棒由挤入面向挤出面拉拨至预定的干涉量后，将芯棒反向推出，拆卸芯棒和鼻顶帽；最后拆卸辅助衬套，完成整个安装工艺流程。

2. 双向冷挤压工艺

除了 4.1.3 节所介绍的带斜度衬套冷挤压工艺，本书还介绍一种双向冷挤压工艺，既可使其孔壁切向残余压应力在厚度方向的分布更加均匀，还可以消除其冷挤压后孔的挤入端的切向残余拉应力，进一步提升孔的疲劳强化效果。

双向冷挤压工艺流程如图 4-6 所示。双向冷挤压过程采用两个不同最大直径的芯棒，通过改变两个芯棒的最大直径来调整其干涉量。假设目标干涉量为 I_2。第一步，以残余压应力最大且沿厚度均匀化分布为目标对主干涉量 I_1 进行优化；第二步，将第一个芯棒从开孔的 A 侧（挤入面）拉到 B 侧（挤出面），干涉量为 I_1；第三步，将第二个芯棒从开孔的 B 侧拉到 A 侧，干涉量为 I_2。

双向冷挤压工艺避免了直接芯棒挤压时可能会出现的残余拉应力，增加了挤入面的残余压应力，使其在厚度方向上产生更均匀的残余压应力分布，同时不会发生孔边缘的初始损坏，更加有效地提高了紧固孔的抗疲劳性能。

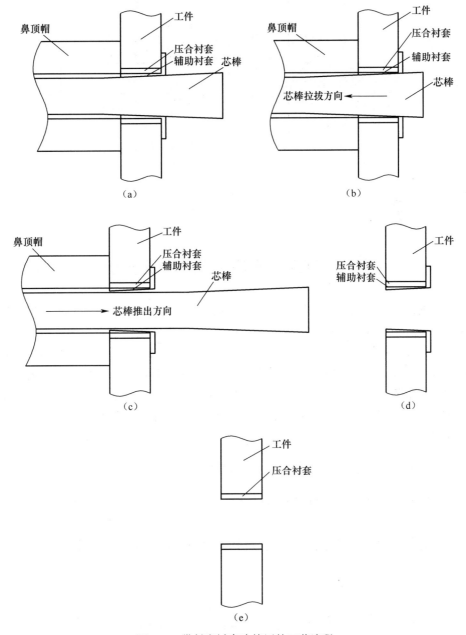

图 4-5 带斜度衬套冷挤压的工艺流程
(a)步骤 1:装配芯棒和衬套,确保鼻顶帽与工件平齐;
(b)步骤 2:拉拔芯棒至预定干涉量;(c)步骤 3:反向推出芯棒;
(d)步骤 4:拆除芯棒和鼻顶帽;(e)步骤 5:拆除辅助衬套。

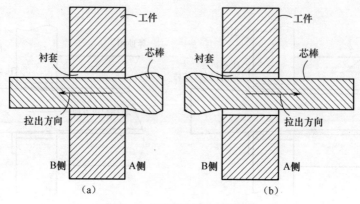

图4-6 双向冷挤压工艺流程
(a)第二步;(b)第三步。

4.2 开缝衬套冷挤压有限元分析

目前,由于诸多研究表明孔周压缩应力能够有效提高紧固孔的抗疲劳性能,因此残余压应力场的测量和预测显得尤为重要,建立冷挤压残余应力场解析模型得到广泛研究。然而,对于衬套冷挤压过程来说,由于其大变形、非线性接触以及衬套的设计等复杂因素,解析模型法已无法准确预测其残余应力场的分布。因此,全模型的有限元模拟仍不失为一种模拟衬套冷挤压残余应力场的有效方法。本节通过ABAQUS软件对冷挤压过程进行有限元模拟,分析了开缝衬套冷挤压强化后产生的残余压应力场,为分析材料的抗疲劳强化效果提供了理论依据和分析手段。

4.2.1 冷挤压孔板残余应力场数学模型

如图4-7所示,设理想弹塑形材料厚壁圆筒内半径为R_1,外半径为R_2,受到内压p的作用。

卸载后,厚壁圆筒上任意一点到孔轴距离为r。此时,圆筒残余应力场如下[13]:

① 塑性区$(R_1 \leqslant r \leqslant \rho)$,有

$$\sigma_{tpr} = \frac{\sigma_{ys}}{2}\left[2\ln\frac{r}{\rho} + \frac{\rho^2}{R_2^2} + 1 + \left(2\ln\frac{R_1}{\rho} + \frac{\rho^2}{R_2^2} - 1\right)\frac{R_1^2(r^2+R_2^2)}{r^2(R_2^2-R_1^2)}\right] \quad (4-3)$$

$$\sigma_{rpr} = \frac{\sigma_{ys}}{2}\left[2\ln\frac{r}{\rho} + \frac{\rho^2}{R_2^2} - 1 + \left(2\ln\frac{R_1}{\rho} + \frac{\rho^2}{R_2^2} - 1\right)\frac{R_1^2(r^2-R_2^2)}{r^2(R_2^2-R_1^2)}\right] \quad (4-4)$$

② 弹性区$(\rho \leqslant r \leqslant R_2)$,有

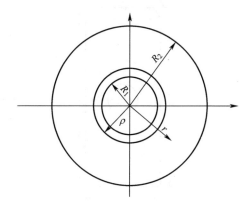

图 4-7 厚壁圆筒示意图

$$\sigma_{ter} = \frac{\sigma_{ys}}{2}\left[\frac{\rho^2}{R_2^2} + \frac{\rho^2}{r_2^2} + \left(2\ln\frac{R_1}{\rho} + \frac{\rho^2}{R_2^2} - 1\right)\frac{R_1^2(r^2 + R_2^2)}{r^2(R_2^2 - R_1^2)}\right] \quad (4-5)$$

$$\sigma_{rer} = \frac{\sigma_{ys}}{2}\left[\frac{\rho^2}{R_2^2} - \frac{\rho^2}{r_2^2} + \left(2\ln\frac{R_1}{\rho} + \frac{\rho^2}{R_2^2} - 1\right)\frac{R_1^2(r^2 - R_2^2)}{r^2(R_2^2 - R_1^2)}\right] \quad (4-6)$$

式中：σ_{tpr} 为孔边切向塑性残余应力；σ_{rpr} 为孔边径向塑性残余应力；σ_{ter} 为孔边切向弹性残余应力；σ_{rer} 为孔边径向弹性残余应力；σ_{ys} 为材料屈服应力；r 为孔边任意一点的半径。

当已知内压 p 时，可由

$$p = \sigma_{ys}\ln\frac{\rho}{R_1} + \frac{\sigma_{ys}(R_2^2 - \rho^2)}{2R_2^2} \quad (4-7)$$

确定塑性半径 ρ，从而由式(4-3)、式(4-6)确定残余应力场。

如果把冷挤压孔板试件(图 4-8)的宽度 W 视为厚壁筒半径的 2 倍($2R_2$)，考虑 R_2/R_1 对塑性变量(塑性半径、回弹量等)的影响，塑性半径 ρ 可表示为[14]

$$\rho = \left[\frac{\sqrt{3}QG}{\sigma_{ys}}\frac{R_1 + R_2}{R_2}R_1\right]^{\frac{1}{2}} \quad (4-8)$$

因此，求冷挤压孔板的残余应力场，可先由式(4-8)求得塑性半径 ρ，进而求得残余应力场。

4.2.2 有限元模型

本节试验所用材料为 2024 铝合金，化学成分为 92.13% Al、4.41% Cu、1.52% Mg、0.59% Mn、0.5% Si、0.5% Fe、0.1% Cr 和 0.25% Zn，其余成分为 Ti。其力学性能通过单轴拉伸试验获得，结果如图 4-9 所示。

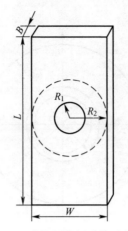

图 4-8 冷挤压孔板试件示意图

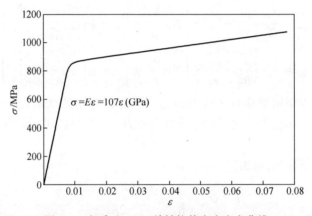

图 4-9 铝合金 2024 单轴拉伸应力应变曲线

建立如图 4-10 所示的冷挤压过程的三维有限元模型。在试件和衬套靠近挤出面的一侧约束其 Z 向位移。施加约束使芯棒只能在 Z 方向自由移动。试件一端固定,另一端施加远场拉伸载荷。用 ABAQUS 有限元软件进行分析,其过程可分为两个分析步:

(1) 芯棒从孔中穿过;
(2) 在加载端施加远场载荷。

衬套的厚度为 0.25mm,芯棒的最大直径为 5.74mm。当芯棒从孔中穿过时产生 4% 的挤压量。模型划分为 14168 个八节点三维减缩积分单元(C3D8R)。在靠近孔边的部位对网格进行了细化。动态硬化弹塑性本构关系用来模拟 2024 铝合金,其应力应变关系通过单轴拉伸试验得到,结果如图 4-9 所示,泊松比为 0.33[15-16]。芯棒和衬套的弹性模量和泊松比分别为 210GPa 和 0.3。接触面切向

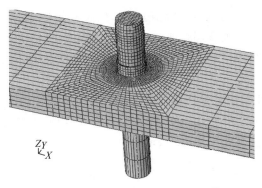

图 4-10　冷挤压过程的三维有限元模型

定义库伦摩擦系数为 $\mu=0.1$，法向定义为硬接触。衬套和孔壁之间接触由小滑动方程控制；芯棒和衬套之间设定为有限滑动方程控制。

4.2.3　环向应力分布

分析步(1)和分析步(2)结束后的孔周环向应力分布如图 4-11 所示。由

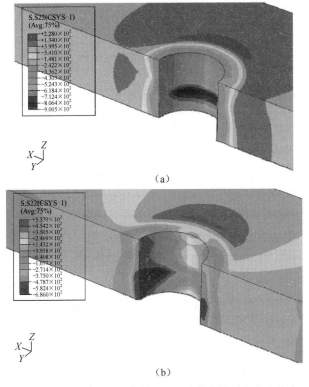

图 4-11　分析步(1)和分析步(2)后的孔周环向应力分布
(a) 分析步(1)后的应力分布；(b) 分析步(2)后的应力分布。

图4-11(a)可以看出,冷挤压后在孔边产生了压缩应力,最大压缩应力出现在孔壁处。冷挤压后在试件加载端施加远场载荷,由图4-11(b)可以看到明显的应力叠加现象。由于冷挤压产生孔边压缩应力,最大应力发生在孔壁(距离孔边有一小段距离)处。

图4-12进一步给出了未加载冷挤压孔与远场加载冷挤压孔的环向应力沿孔边距离的变化图。对于原始孔,最大拉应力发生在孔边;对于冷挤压孔,最大拉应力显著下降并且发生在距离孔边约2mm处。

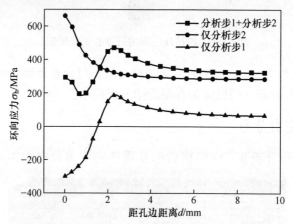

图4-12　分析步(1)和分析步(2)的应力叠加

4.2.4　孔周应力分布

为了便于描述孔周应力分布,建立如图4-13所示的开孔局部坐标系,芯棒挤入面和挤出面分别表示为$h/t=1$和$h/t=0$。图4-14给出了孔周环向应力沿圆周方向的分布。可以看出,最大环向应力发生在$\theta=90°$和$\theta=270°$位置处(垂直于加载方向)。

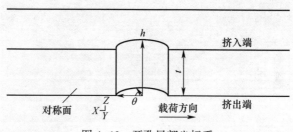

图4-13　开孔局部坐标系

图4-15给出了孔周环向应力随距孔边距离的变化图。可以看出,环向应力沿厚度方向的分布并不是均匀的。最大压缩环向应力发生在$h/t=0.33$处,最小

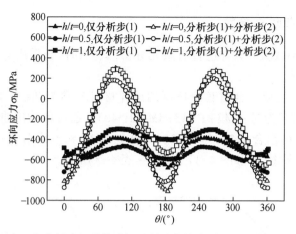

图4-14 分析步1和分析步2及其叠加后所对应的孔周环向应力沿孔周方向的分布

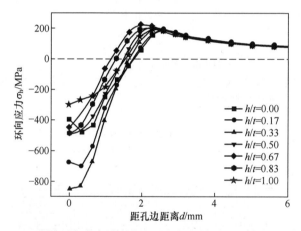

图4-15 孔周环向应力随距孔边距离的变化图(沿不同厚度位置)

值发生在芯轴进入面。压缩区厚度范围为1.1~1.8mm,随厚度方向位置的不同而变化。这与图4-53的结果一致,图4-53显示在这一范围内裂纹扩展的延迟效应较为明显。

4.3 压合衬套冷挤压有限元分析

本节通过ABAQUS软件对冷挤压过程进行有限元模拟,分析了直通型和法兰型压合衬套冷挤压强化后产生的残余压应力场,研究了不同干涉量、衬套厚度等因素对法兰型压合衬套冷挤压的周向残余压应力的影响。

67

4.3.1 材料模型与参数

本节采用 ABAQUS 软件进行有限元分析,试样和衬套采用非线性材料模型,模拟弹塑性变形。

直通型和法兰型压合衬套冷挤压的试样材料分别为 7075-T7451 铝合金和 TB17 铝合金,衬套为衬套材料 PH13-8Mo(H540)。通过单轴拉伸试验和查阅《航空材料手册》获得铝合金 7075-T7451、钛合金 TB17 和不锈钢 PH13-8Mo 工程应力应变曲线,如图 4-16 和图 4-17 表 4-1~表 4-3 所示。

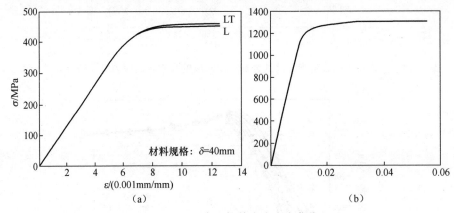

图 4-16 铝合金拉伸应力应变曲线

(a) 7075-T7451 铝合金;(b) TB17 钛合金。

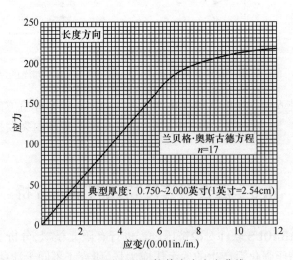

图 4-17 PH13-8Mo 拉伸应力应变曲线

通过下面公式将名义应力应变转化为真应力和真应变,并输入有限元材料模型中：

$$\sigma_t = \sigma(1+\varepsilon) \tag{4-9}$$

$$\varepsilon_t = \ln(1+\varepsilon) \tag{4-10}$$

式中：σ 和 ε 分别为名义应力和名义应变；σ_t 和 ε_t 分别为真应力和真应变。

表 4-1　7075-T7451 铝合金力学性能

弹性模量/GPa	泊松比	屈服强度/MPa	极限强度/MPa
71	0.33	440	510

表 4-2　TB17 铝合金力学性能

品种	取样方向	E/GPa	σ_b/MPa	$\sigma_{p0.2}$/MPa	δ_5/%	φ/%
锻件	L	113	1380	1289	7.8	24.4

表 4-3　PH13-8Mo 力学性能

弹性模量/GPa	泊松比	屈服强度/MPa	极限强度/MPa
192	0.28	1310	1413

4.3.2　有限元模型

为简化计算，以芯棒轴线为对称轴建立二维轴对称有限元模型。采用四节点轴对称减缩积分单元 CAX4R 模拟试样和衬套，在衬套和试样接触面附近对网格进行细化，如图 4-18 所示，芯棒简化为线性刚体。

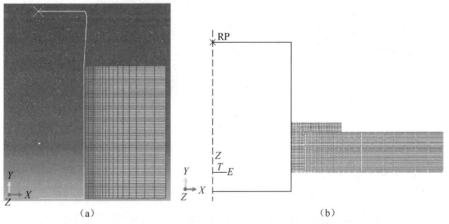

图 4-18　直通型和法兰型压合衬套冷挤压的有限元模型网格设计

(a)直通型；(b)法兰型。

对芯棒建立刚体参考点，在参考点上约束沿 X 方向上的平动和绕 Z 轴的转动，只允许芯棒在 Y 方向上移动；在试样的右端施加约束 X 方向；在试样和衬套的

挤出端面约束 Y 方向。载荷通过在芯棒刚体参考点上施加沿 Y 负方向的强制位移来实现。芯棒(主面)和衬套(从面)之间、衬套(主面)和试样(从面)之间的接触定义为面对面有限滑动。两个接触切向定义了芯棒和衬套间的摩擦系数,法向都定义为硬接触。

4.3.3 残余应力分布特征

大量研究表明,冷挤压过程中开孔构件在孔周产生了残余应力,进而提高了构件的抗疲劳性能,达到强化的效果。因此,研究冷挤压下孔周残余压应力是对冷挤压效果评估的关键。

1. 直通型压合衬套

经过有限元分析,得到了 2.0% 干涉量下直通型压合衬套冷挤压完成后孔周残余应力分布,如图 4-19 所示。图 4-19(a)、(b) 分别给出了冷挤压强化后的孔边周向和径向残余应力分布。由图 4-19(a) 可以看出,最大周向残余压应力出现在靠近挤出端的孔壁次表面。靠近挤入端的周向残余压应力较小,在挤入端孔边甚至出现了残余拉应力,对疲劳寿命的提高不利。而由图 4-19(b) 可以看出,挤出端的径向残余压应力要大于挤入端,即挤入端的支撑力较弱。

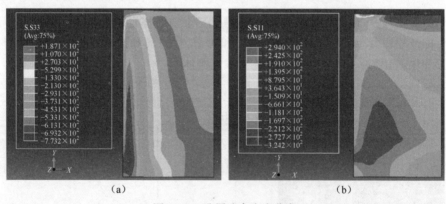

图 4-19 孔周残余应力分布
(a) 周向残余应力;(b) 径向残余应力。

2. 法兰型压合衬套

图 4-20 给出了法兰型压合衬套冷挤压过程中的孔周周向残余应力分布。可以看出,在强化孔挤入面由于衬套 L 形拐角的作用,存在较大压应力。而在强化孔挤出面出现较大的周向拉应力 1155MPa,但未超过材料的屈服极限。

芯棒拔出后的周向残余应力分布如图 4-21 所示。由图可以看出,在强化孔挤入面和挤出面均出现较大的周向残余压应力,尤其是挤出面更大,原因是衬套变形积累使得衬套挤出端略长于孔边,在芯棒通过衬套挤出端时产生了应力集中。

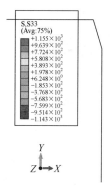

图 4-20 法兰型压合衬套冷挤压过程中的周向残余应力分布

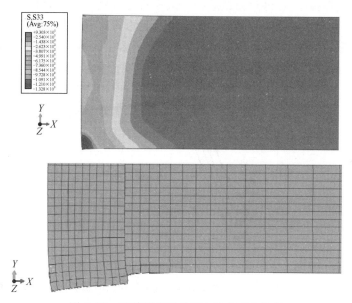

图 4-21 芯棒拔出后的周向残余应力分布

与直通型压合衬套相比,法兰型压合衬套在挤出面的周向残余压应力更大,而且由于衬套 L 形拐角的作用,在挤入面的孔周残余拉应力转化成了残余压应力。

4.3.4 周向残余应力的影响因素

在法兰型压合衬套冷挤压后,其最小周向残余压应力位于孔壁中部。由此可见,压合衬套的上垫板设计强化了挤入面和挤出面,在计算疲劳寿命时应把孔壁中部作为危险点考虑。因此在后续研究周向残余应力分布时,采用的路径位于孔壁中部沿径向延伸,如图 4-22 所示。沿路径的最大周向残余压应力位于次表层。

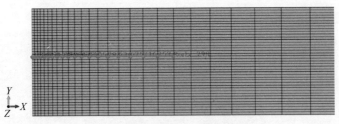

图 4-22　周向残余应力研究路径

1. 干涉量

考虑不同干涉量对法兰型压合衬套冷挤压周向残余压应力分布的影响,分别通过改变芯棒最大直径和衬套厚度来调整干涉量。

衬套厚度保持不变,通过修改芯棒的最大直径分别获得 1.6%、1.8%、2.0% 和 2.3% 的干涉量。图 4-23 给出了不同干涉量下的周向残余压应力沿路径的变化图。可以看出,在同一位置处,残余压应力随着干涉量的增大而增加。残余压应力深度也随干涉量的增大而增加。

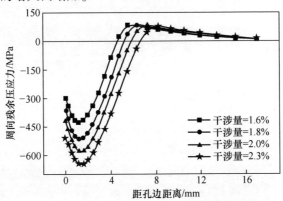

图 4-23　干涉量对周向残余压应力的影响

图 4-24 给出了最大周向残余压应力随干涉量的变化图。由图可以看出,随着干涉量的增大,最大周向残余压应力的增长有变缓的趋势(斜率降低)。

保持芯棒最大直径不变,通过改变衬套厚度来获得 1.8% 和 2.3% 的干涉量。然后保持衬套厚度不变,通过改变芯棒最大直径来获得 1.8% 和 2.3% 的干涉量。上述 4 种工况下获得的周向残余压应力分布如图 4-25 所示。在相同的干涉量下,与基于芯棒的干涉量控制方法相比,基于衬套的干涉量控制方法能获得更大的残余压应力和更大的残余压应力区深度。

2. 衬套厚度

衬套厚度分别取 2.75mm、3.75mm 和 4.75mm,同时调整芯棒的最大直径使得干涉量保持在 1.8%。图 4-26 给出了不同衬套厚度下的周向残余应力沿路径的

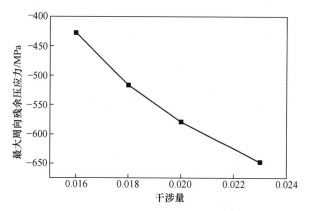

图 4-24　干涉量对最大周向残余压应力的影响

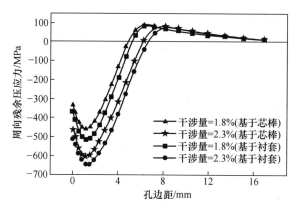

图 4-25　基于衬套和芯棒的干涉量对周向残余压应力的影响

变化图。由图可以看出，随着衬套厚度的增加，在同一位置处的残余压应力显著减小，同时残余压应力区深度变小。

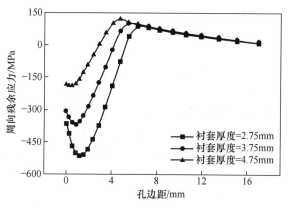

图 4-26　衬套厚度对周向残余应力的影响

3. 衬套硬度

材料的硬度与屈服强度有关。在硬度测试中,硬度值为:

$$H = \frac{F_{max}}{A_c} \quad (4-11)$$

式中:H 为硬度;F_{max} 为最大压痕力;A_c 为压痕面积。

屈服强度越高,在相同压痕力下的压痕面积越小,硬度值就越高。因此在有限元模拟时,通过调整屈服强度来获得不同的硬度是合理的。在工程实际中,通过一定的热处理,如固溶时效,可以提高材料的屈服强度。

如图 4-27 所示,分别取屈服强度为 1320MPa、1520MPa 和 1670MPa,研究衬套硬度对周向残余应力分布的影响规律。可以看出,随着衬套硬度的增加,在同一位置处的残余压应力值增大。

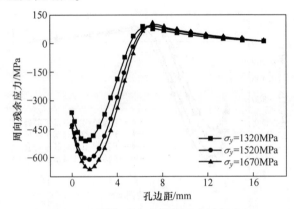

图 4-27 屈服强度对周向残余应力的影响

图 4-28 显示了屈服强度对最大残余压应力的影响,由图可以看出,屈服强度对最大残余压应力的影响更显著,对孔壁残余压应力及残余压应力区深度影响较小。

4.3.5 疲劳寿命预估

分别对原始孔施加远场拉伸载荷 $F(40.337t)$ 和 $0.1F(4.0337t)$,作为疲劳载荷谱的峰值载荷和谷值载荷。通过计算原始孔在峰值载荷和谷值载荷下孔壁中部的周向应力,并与该位置冷挤压残余压应力进行叠加,获得危险点的复合应力谱。

通过查询国内外文献发现,在循环载荷作用下孔周残余压应力会出现松弛现象。一般来说,在初始加载阶段,残余压应力松弛较快;疲劳载荷越大,松弛速度越快。随着加载周次的增加,残余压应力松弛趋缓,近似呈线性衰减。因此,若采用冷挤压后的初始残余压应力计算疲劳寿命,得到的寿命是偏大的。

通过观察图 4-29 松弛曲线可以发现,快速松弛阶段时间很短,大部分加载时

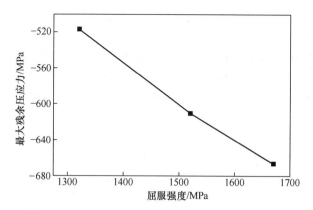

图 4-28 屈服强度对最大残余压应力的影响

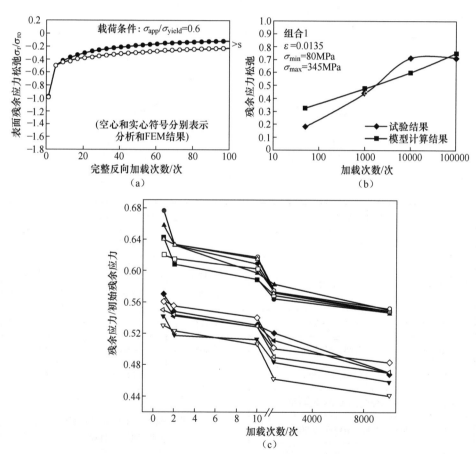

图 4-29 典型材料在循环载荷下的残余应力松弛曲线[17-19]

(a)TC17 钛合金板表面喷丸残余应力松弛曲线;(b) 中碳钢冷挤压孔周残余应力松弛曲线;

(c) 铝合金 2024 喷丸残余应力松弛曲线。

间内试样承受 0.2~0.4 倍的初始残余应力。本节在计算时统一取 0.3 倍的初始残余应力计算复合应力。

通过 Goodman 方程将不同应力比的等幅疲劳谱折算为应力比为 0.06 的等幅疲劳谱,从而可以根据图 4-30 所示的 S-N 曲线获得疲劳寿命。由表 4-4 可以看出,原始孔疲劳寿命 $N = 71464$ 次,在冷挤压强化后疲劳寿命均达到了无限,疲劳寿命得到大幅延长。

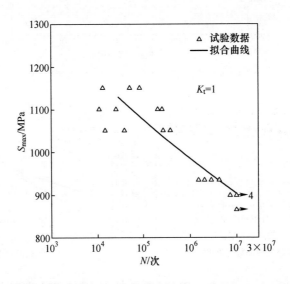

S-N 曲线拟合方程		回归判定系数 r_2		
$\lg N = 75.573 - 23.622\lg(\sigma_{max} - 104.5)$		0.953		
σ_{max}/MPa	$N/10^3$ 周	对数样本标准差 s	置信度 $P_{0.05}$/%	中值寿命 $N_{50}/10^3$ 周
1150	13,13,51,83	0.413	64.12	29
1100	11,26,207,240	0.665	47.66	61
1050	15,39,268,390	0.675	48.32	88
935	1555,2069,2862,4328			
900	7334>10000>10000>10000>10000	指定循环寿命 1×10^7 对应的疲劳极限为 911MPa		
865	>10000			

图 4-30 TB17 疲劳 S-N 曲线($K_t = 1, R = 0.06$)

表 4-4 疲劳寿命预估工况

工况	干涉量 /%	铰削后孔壁中部残余应力/MPa	折算残余应力	原始孔应力/MPa	叠加后应力/MPa	应力幅 S_a 平均应力 S_m	转化为 $R=0.06$ 的峰值应力	疲劳寿命 /次
1			原始孔			$S_a = 494$	1090	71464
						$S_m = 604$		
2	1.6	−299		$S_{max} = 1098$	$S_{max} = 799$	$S_a = 494$	883	18908915
				$S_{min} = 110$	$S_{min} = -189$	$S_m = 305$		
3	1.8	−365		$S_{max} = 1098$	$S_{max} = 733$	$S_a = 494$	847	57081643
				$S_{min} = 110$	$S_{min} = -255$	$S_m = 239$		
4	2.0	−419		$S_{max} = 1098$	$S_{max} = 679$	$S_a = 494$	820	137048939
				$S_{min} = 110$	$S_{min} = -309$	$S_m = 185$		
5	2.3	−513		$S_{max} = 1098$	$S_{max} = 585$	$S_a = 494$	777	595655588
				$S_{min} = 110$	$S_{min} = -403$	$S_m = 91$		

4.4 残余应力均匀化工艺的有限元分析

4.4.1 带斜度衬套冷挤压

1. 有限元模型

本节采用 ABAQUS 进行带斜度衬套冷挤压的三维有限元数值模拟,仿真过程中试样材料为 TC4,压合衬套及辅助衬套材料为 PH13-8Mo,其材料参数分别见图 4-31 和表 4-5。

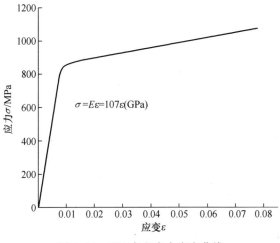

图 4-31 TC4 名义应力应变曲线

表 4-5　工件、衬套及芯棒力学性能

材料牌号	材料参数		
	弹性模量/MPa	泊松比	屈服强度/MPa
TC4	107000	0.31	830
PH13-8Mo	192000	0.28	1235

带斜度衬套冷挤压的有限元模型由含孔试样、压合衬套、辅助衬套、挤压芯棒组成，含孔试样厚度为 10mm，紧固孔孔径为 47mm，孔边倒角为 0.8mm。根据结构对称性，建立了 1/4 对称模型，模型中采用八节点三维减缩积分单元（C3D8R）模拟试样和衬套。为了保证计算精度，同时节约计算成本，在试样孔周处对网格进行细化，如图 4-32 所示。芯棒在挤压过程中几乎不发生变形，简化为解析刚体，无须网格划分。

图 4-32　带斜度衬套冷挤压的有限元模型

带斜度衬套冷挤压的模拟过程分为三至四个分析步，对应冷挤压阶段和远场载荷阶段。在冷挤压阶段，试样受芯棒挤压而径向膨胀，芯棒卸载后孔周材料由于弹塑性变形失配而产生残余压应力。该模型芯棒的位移与干涉量有关，芯棒拉伸预定位移后须将其反向推出完成卸载。

如表 4-6 所示，选取了 5 种较低的干涉量，并通过控制芯棒拉拔位移来调整干涉量的大小。在远场载荷阶段，通过 2 个分析步分别施加最大载荷和最小载荷，应力比为 0.1，其中最大载荷采用均布载荷 333.67MPa 并施加在试件远端。

表 4-6　带斜度衬套冷挤压的干涉量

芯棒位移长度/mm	衬套初始外径/mm	芯棒工作段与水平面夹角/(°)	干涉量/%
2.84274	23.5	82.93141	1.5
3.41129	23.5	82.93141	1.8
3.79032	23.5	82.93141	2.0
4.35887	23.5	82.93141	2.3
4.73790	23.5	82.93141	2.5

在数值模拟过程中,需要约束对称面法向位移;试样和压合衬套底部约束 Z 向位移,芯棒约束其他自由度使其仅可以沿 Z 向位移;辅助衬套不约束底部 Z 向位移,是因为计算后得知,辅助衬套不约束 Z 向时挤压残余应力更加均匀。

芯棒(主面)和衬套(从面)之间、衬套(主面)和试样(从面)之间的接触定义为面对面有限滑动。模型的接触面法向定义硬接触,切向设置摩擦系数;芯棒与衬套之间模拟添加二硫化钼润滑剂,定义摩擦系数为 0.02;紧固孔与衬套之间切向摩擦系数一般为 0.1~0.2,本节定义摩擦系数为 0.15。

2. 周向残余应力

在远场载荷作用下,紧固孔附近存在应力集中现象,冷挤压后产生的周向残余压应力可以改善该问题。如图 4-33 所示,目前普遍认为冷挤压强化的原理是:在远场疲劳载荷作用下,原始孔处的孔边周向拉应力与冷挤压产生的周向残余压应力叠加,从而降低孔周峰值应力和平均应力,达到提高疲劳寿命的目的。

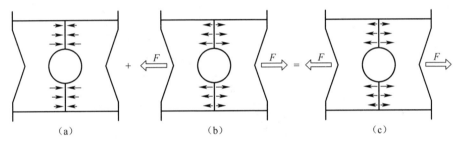

图 4-33 冷挤压后孔边周向应力叠加示意图

(a)冷挤压周向残余应力;(b)远场载荷下孔周应力;(c)叠加后的应力。

为便于研究,选用两条由网格节点构成的路径来提取残余应力。如图 4-34 所示,路径 1 由 c 到 d,路径 2 由 a 到 b。

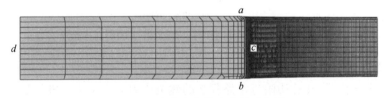

图 4-34 残余应力提取路径示意图

1) 周向残余应力分布

图 4-35 给出了在柱坐标系下干涉量为 2.0% 时带斜度衬套冷挤压后的应力云图,残余应力大于零的部分(残余拉应力区)用灰色显示。可以看出,孔周附近的周向残余压应力较大,并且其残余压应力随着与孔边距离的增加而逐渐减小,甚至转变为残余拉应力。

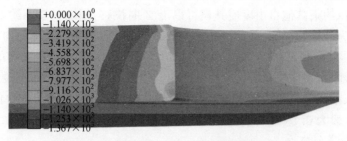

图 4-35　带斜度衬套冷挤压工艺的残余压应力区

图 4-36 给出了不同干涉量下周向残余应力沿路径 1 的分布情况。对于带斜度衬套冷挤压工艺，不同干涉量下残余应力分布规律相似，孔壁附近的残余应力随着干涉量的增大而增大，在本节所选干涉量范围内，如果材料不被破坏，增大干涉量对提高疲劳寿命有益。

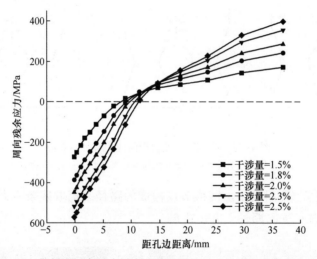

图 4-36　带斜度衬套压合衬套冷挤压沿路径 1 的周向残余应力分布

2) 周向残余应力对比分析

冷挤压强化后，在孔边附近沿路径 2 的残余应力分布更为关键。如图 4-37 所示，将带斜度衬套冷挤压与不带辅助衬套的直通型压合衬套冷挤压两组工艺下沿路径 2 产生的周向残余应力曲线进行比较发现：两种工艺产生的残余应力分布趋势接近，直通型压合衬套冷挤压工艺在其挤入面和挤出面存在残余拉应力；与直通型压合衬套冷挤压工艺相比，带斜度衬套冷挤压工艺产生的残余压应力最大值较小，但其残余压应力分布更均匀，使芯棒挤入端的残余拉应力向压应力转变，从而提高抗疲劳性能。

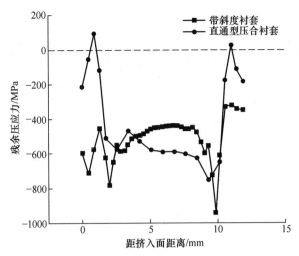

图 4-37 干涉量 2.0%时不同工艺沿路径 2 的周向残余应力分布

3. 接触压力对比

冷挤压后,衬套产生较大的塑性变形,而孔周弹性变形部分发生回弹,从而使孔壁和衬套之间形成接触压力,即"支撑效应"。支撑效应可以有效地降低孔周局部的交变应力幅值,从而提高紧固孔的抗疲劳性能。

如图 4-38 所示,直通型工艺产生的接触压力不均匀,孔壁中间部位接触压力较大,而在挤入端和挤出端接触压力较小。带斜度衬套冷挤压工艺接触压力相对均匀,在靠近挤入端和挤出端形成了较大的接触压力,弥补了传统工艺的不足。在相同干涉量下,带斜度衬套冷挤压接触压力较小,适用较小弹性模量或较小厚度的衬套,以保证疲劳增益。

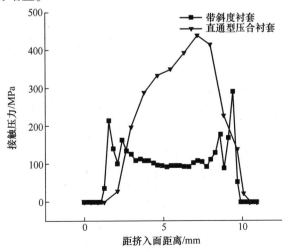

图 4-38 不同工艺 2.0%干涉量时的接触压力

4. 孔壁回弹对比

在冷挤压后,带孔试样的回弹对残余应力分布产生了很大的影响。如图4-39所示,提取两种冷挤压工艺下孔壁中部节点径向位移随时间的变化曲线。在冷挤压过程中,孔壁径向位移随着干涉量的增加而增大;达到峰值后,在卸载过程中出现一定回弹;芯棒拔出后,回弹量趋于稳定。冷挤压强化后,孔壁表层阻止了孔周产生的回弹,形成残余压应力。因此,理论上干涉量相同时,孔壁的回弹量越小,残余压应力越大。

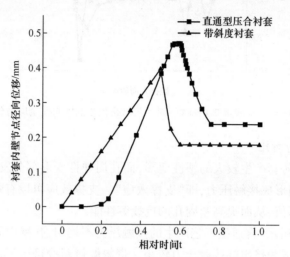

图4-39 带孔试样内壁径向位移-时间图

如图4-40所示,直通型压合衬套冷挤压过程中孔壁产生的回弹量较大,其强

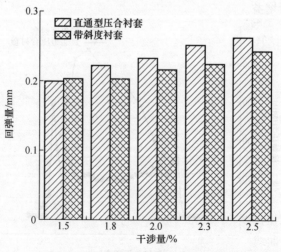

图4-40 不同干涉量下试样内壁回弹情况

化效果较差。如果仅比较两种工艺的回弹量,带斜度衬套冷挤压工艺略优于直通型压合衬套冷挤压。

5. 拉拔力对比

由于冷挤压过程中压合衬套安装阻力过大会导致安装困难,因此需要提取冷挤压过程的芯棒拉拔力。根据静力平衡条件,提取试样及衬套底部节点在 Z 向的约束反力并求和,得到1/4模型对应的拉拔力,再根据对称性处理后得出全模型的拉拔力。如图4-41所示,在带斜度衬套冷挤压过程中,不同干涉量下的峰值拉拔力随干涉量增大而增大。可以看出,带斜度衬套冷挤压时的拉拔力远大于直通型压合衬套冷挤压时的拉拔力,因此该工艺投入使用时对拉枪吨位和芯棒强度要求较高。

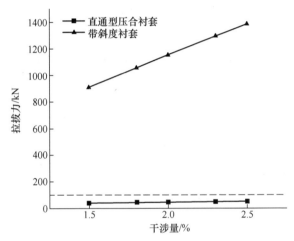

图4-41 峰值拉拔力随干涉量的变化

4.4.2 双向冷挤压

1. 有限元模型

本节中所用构件带有一个边缘距离较小的孔,边缘距离通常由 e/D 的比例定义,其中 e 是孔中心到板边缘的距离,D 是孔的直径。孔直径 $D=49\text{mm}$,边缘距离比为 $e/D=1.2$,衬套厚度为 0.3mm。

为简化计算,建立了二维轴对称有限元模型,采用 ABAQUS 软件的四节点轴对称减缩积分单元(CAX4R)模拟试样和衬套,如图4-42所示。随着向孔边缘靠近,网格逐渐细化。

模拟过程所用的材料为 7050-T7451 铝合金,通过单轴拉伸测试试验获得了材料的应力-应变曲线(图4-43),并在有限元模型中输入双线性运动硬化本构。

假定两个不同直径的芯棒是刚性的,目标干涉量为 $I_2=2.3\%$,分别通过两个

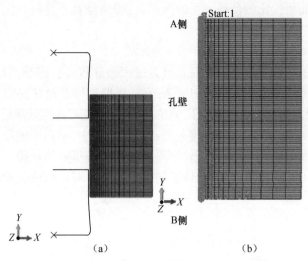

图 4-42　双向冷挤压的有限元模型和研究路径

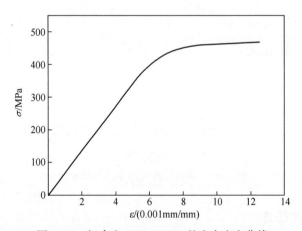

图 4-43　铝合金 7050-T7451 的应力应变曲线

步骤(图 4-6)实现。第一个干涉量 I_1 取值为 1.4%、1.6%、1.8%、2.0%、2.1%、2.2% 和 2.3%,以便找出 I_1 的最佳值。干涉量通过改变芯棒的最大直径来调整。

2. 模型验证

Wang 等[20]通过试验研究了冷挤压孔的残余周向压应力和疲劳寿命,本节采用有限元软件 ABAQUS 对双向冷挤压过程中的残余应力分布情况进行了数值模拟与计算,将模拟结果与试验结果进行了比较验证。

图 4-44 显示了冷挤压后挤入面(A 侧)和挤出面(B 侧)的周向残余压应力分布的试验结果和模拟结果。由图 4-44 可以看出,模拟结果和试验结果中由于参数不同、试验误差等而导致残余压应力不同,但其曲线趋势是一致的。该结果也表

明双向冷挤压会增加挤入面的残余压应力,在厚度方向上产生更均匀的周向残余压应力分布。

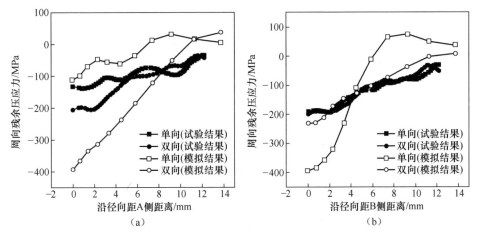

图 4-44 沿径向的周向残余压应力分布的试验结果和模拟结果
(a)挤入面(A 侧);(b) 挤出面(B 侧)。

3. 残余接触压力分布

衬套和孔之间的残余接触压力对于改善冷挤压孔的疲劳寿命具有重要意义。在冷挤压过程中,需要将衬套安装在孔边缘,并重新调整到所需的大小,这项技术已应用于飞机的短边架,如机翼、机身起落架和发动机塔架的连接。冷挤压过程的疲劳强化机制可以从两个方面理解:①周向残余压应力降低了负载频谱的平均应力;②衬套和孔之间的残余接触压力降低了负载振幅,是"支撑效应"。因此,衬套和孔之间的接触压力需要足够大,以产生支撑效应,避免疲劳装载过程中的摩擦损伤。

假设目标干涉量 $I_2 = 2.3\%$,图 4-45 显示了不同 I_1 值下沿路径(孔边 A 侧到 B 侧)的残余接触压力的分布。由图可见,传统的单向冷挤压过程($I_1 = 2.3\%$,$I_2 = 0$)在挤入面附近诱发了明显的零接触压力区,不利于抗疲劳性能的提高;相反,双向冷挤压工艺消除了 A 侧附近的零接触压力,危险点从 A 侧转移到 B 侧。从图 4-45 中还可以看出,当 $I_1 = 1.8\%$ 时,实现了最大的残余接触压力,这意味着材料可以获得最佳的抗疲劳性能。

4. 周向残余压应力分布

大量研究表明,周向残余压应力对改善冷挤压孔疲劳寿命产生有益影响,周向残余压应力能够降低加载频谱的平均应力。因此,在孔边缘附近获得较大的周向残余压应力是获得更好的抗疲劳性能的首选。

首先,由残余应力场的数学模型对周向残余压应力进行计算;其次,与有限元

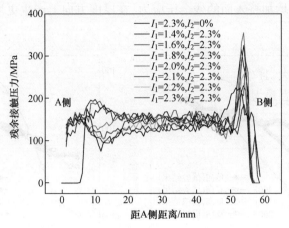

图 4-45 沿路径的残余接触压力

模拟结果进行比较。图 4-46 显示了单向和双向冷挤压沿径向分布的周向残余压应力的理论结果和模拟结果。在残余应力场的理论结果中,双向冷挤压产生的孔边周向残余压应力小于单向冷挤压产生的周向残余压应力,而模拟结果正好相反。周向残余压应力通常随着距孔边距离的增加而逐渐减少,变为残余拉应力;当距离达到一定值时,残余应力不再减少,趋于稳定。而对于模拟结果,孔边附近的周向残余压应力呈增加趋势,这与图 4-48 所示的周向残余压应力分布云图结果非常一致。

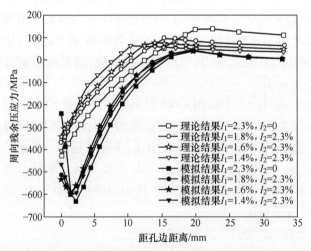

图 4-46 不同干涉量下沿径向的周向残余压应力

图 4-47 显示了单向和双向冷挤压后沿路径的周向残余压应力情况。由图可见,传统的单向冷挤压过程在厚度方向上的残余压应力分布不均匀,最大和最小的

周向残余压应力分别发生在挤出面和挤入面,而在挤入面很可能会诱发残余拉应力,不利于提高材料的疲劳寿命。而与传统的单向冷挤压相比,双向冷挤压在厚度方向上产生了更均匀的周向残余压应力分布。此外,在 $I_1=1.8\%$ 时冷挤压孔的周向残余压应力最大,且分布最均匀,表明其具有最佳的抗疲劳性能,这与前面得出的衬套和孔间存在最大的残余接触压力的结果一致。

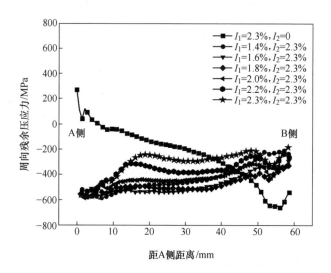

图4-47 不同干涉量下的周向残余压应力分布

图4-48(a)和(b)分别为单向冷挤压和双向冷挤压过程中产生的具有优化值的 I_1 的周向残余压应力分布云图。由图可见,挤入面的残余拉应力(单向冷挤压)转化为了残余压应力(双向冷挤压),并且双向冷挤压过程在厚度方向上获得了更均匀的周向残余压应力分布。

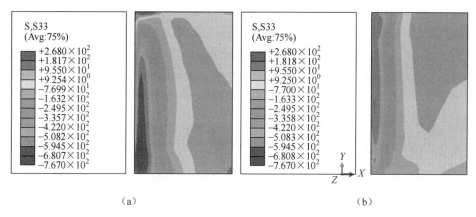

图4-48 单向冷挤压、双向冷挤压的残余压应力分布云图

4.5 疲劳寿命试验

目前,关于残余压应力对提高材料疲劳寿命的报道较多[21-25],然而关于冷挤压对疲劳裂纹扩展影响的量化研究却鲜有报道。本节采用大量疲劳试验,通过在疲劳载荷谱中插入标识谱块,在紧固孔疲劳断口上产生标识条带,从而可以反推裂纹扩展数据,研究了开缝衬套冷挤压工艺对构件疲劳寿命及疲劳裂纹扩展速率的影响。

4.5.1 疲劳寿命试验设置

本节疲劳寿命试验所用材料为2024铝合金,其力学性能通过单轴拉伸试验获得,如图4-9所示。试验件为5mm厚平板,在加载轴线上有两个孔,试验件的几何尺寸如图4-49所示。试验件分为如下两组。

A组:含衬套冷挤压孔;
B组:含原始钻孔(未冷挤压处理)。

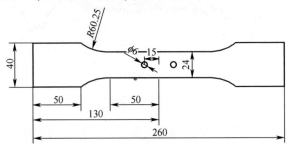

图4-49 冷挤压强化试验件几何尺寸

所有试验件均在伺服液压疲劳试验机 INSTRON 8802 上进行,所有疲劳试验的加载频率为10Hz。载荷谱由两个块谱交替变化组成,目的在于建立裂纹长度和加载次数之间的关系。第一个载荷块谱为随机谱,第二个载荷块谱为常幅标识谱,应力比 R ($\sigma_{min}/\sigma_{max}$) = 0.53,最大值为第一个载荷块谱中的最大值。对第二个载荷块谱的加载次数进行优化,以便在疲劳断口上形成清晰的疲劳条带。每组试验件分别在三个应力水平上进行(287MPa、319MPa 和 345MPa)试验,由第一个载荷块谱中的最大载荷来控制其应力水平。

4.5.2 疲劳寿命试验结果

图4-50给出了三个应力水平下的疲劳寿命。由图可以看出,含冷挤压孔试验件的疲劳寿命明显高于含原始孔试件的疲劳寿命。同时还可以看出,含冷挤压孔试验件的疲劳寿命分散性较大。

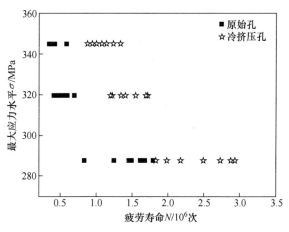

图 4-50 原始孔与冷挤压孔的 S-N 图

为了量化说明冷挤压强化对开孔件疲劳寿命的影响,采用 t 检验法对冷挤压孔和原始孔在三个应力水平下的疲劳寿命进行对比,可以得到如下结论:在 95% 的置信度下,应力为 287MPa 时冷挤压孔的疲劳寿命是原始孔的 1.31~2.21 倍,应力为 319MPa 时冷挤压孔的疲劳寿命是原始孔的 2.29~3.39 倍,应力为 345MPa 时冷挤压孔的疲劳寿命是原始孔的 2.26~3.33 倍。

4.5.3 疲劳断口分析

疲劳试验完成后,对所有断裂试件的疲劳断口进行体视显微镜检查。典型的疲劳断口形貌如图 4-51 所示。由图可以看出,在断口上存在清晰的标识谱线,其方向垂直于裂纹传播方向。为了便于提取裂纹扩展数据,在标识谱线处用黑线标

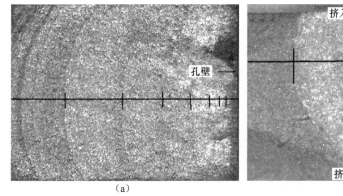
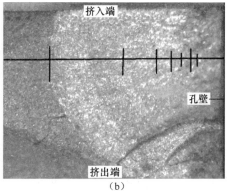

(a)　　　　　　　　　　　　　(b)

图 4-51 典型的疲劳断口形貌

(a) 原始孔;(b) 冷挤压孔。

出。由图 4-51 还可以看出,原始孔疲劳裂纹在孔壁中间部位萌生,而冷挤压孔疲劳裂纹在孔边芯轴挤入面萌生。

4.5.4 疲劳裂纹扩展

标识谱间距的变化反映了裂纹传播速率的大小,图 4-52 给出了在不同应力水平下的贝纹线间距。由图可以看出以下问题:

(1) 贝纹线间距随裂纹长度的增加而增大,这是由于裂尖应力强度因子随裂纹长度的增加而增大,从而导致较大的裂纹传播速率;

(2) 冷挤压孔的贝纹线间距比原始孔的贝纹线间距要小,表明冷挤压引入的残余压应力会阻碍裂纹扩展速率;

(3) 冷挤压对裂纹扩展的阻碍作用在低应力水平下更为显著。

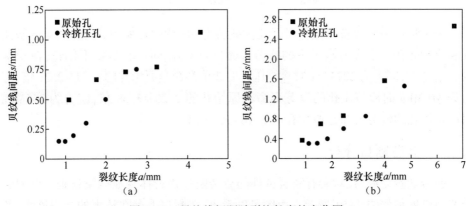

图 4-52 贝纹线间距随裂纹长度的变化图
(a)最大应力=287MPa;(b)最大应力=345MPa。

在疲劳试验中,Ⅰ型裂纹在孔的两边对称萌生与扩展。在不同应力水平下裂纹长度与加载次数的关系如图 4-53 所示,曲线的斜率为裂纹扩展速率。由图可以看出,冷挤压孔的裂纹传播速率比原始孔的传播速率要小,尤其是在短裂纹阶段($a=0\sim1.5$mm)。

裂纹传播速率可表示为

$$da/dN = A \cdot \left[(\sigma_{max} - \Delta\sigma_{op}) \cdot \Phi \sqrt{\sec\left(\frac{\pi \cdot (a+r)}{w}\right)} \cdot \sqrt{\pi \cdot a \cdot \frac{1}{2}\left(\sec\frac{\pi}{2}\frac{\sigma_{max}}{\sigma_y}+1\right)} \right]^m$$

(4-12)

式中:Φ 为由紧固孔引起的孔边应力增长;a 为裂纹长度(从孔边开始测量);r 为孔径;w 为板的宽度;A、m 为和材料有关的参数。

裂纹传播速率 da/dN 与应力强度因子的关系如图 4-54 所示。由图可以看

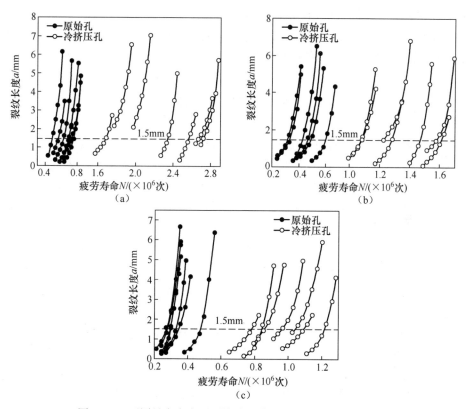

图 4-53 不同最大应力下原始孔和冷挤压孔的裂纹长度曲线
(a) 最大应力 = 287MPa；(b) 最大应力 = 319MPa；(c) 最大应力 = 345MPa。

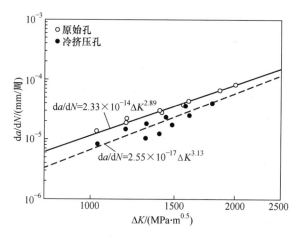

图 4-54 原始孔和冷挤压孔裂纹扩展速率随应力强度因子的变化图

出，冷挤压孔的裂纹传播速率比原始孔要小。这是由于冷挤压孔的残余压应力降低了裂纹尖端实际最大应力,导致有效应力强度因子减小[26]。对以上两组数据进行线性拟合,冷挤压孔所对应的拟合线斜率较大。这表明在应力强度因子 ΔK 较小时,冷挤压对裂纹扩展的阻碍作用更为显著。

4.6 小　　结

近年来,冷挤压表面强化技术已经成为提高飞机开孔构件的疲劳寿命的重要方法之一。目前,一方面,诸多研究表明孔周压缩应力能够有效提高紧固孔的抗疲劳性能。冷挤压强化的基本原理就是通过芯棒挤压紧固孔,从而引入周向残余压应力,达到疲劳强化的目的;另一方面,冷挤压强化后材料表面晶粒得到进一步细化,延迟了疲劳裂纹的萌生。

4.1 节首先介绍了干涉量的概念以及开缝衬套冷挤压、压合衬套冷挤压、带斜度衬套冷挤压和双向冷挤压四种冷挤压表面强化工艺,相比于直接芯棒冷挤压过程,这几种方法避免了由直接接触引起的孔边初始损伤,保护了孔边材料不受撕裂。

4.2 节到 4.4 节采用商业软件 ABAQUS 对冷挤压过程进行了有限元模拟,分析了开缝衬套、直通型/法兰型压合衬套、带斜度衬套冷挤压以及双向冷挤压强化后产生的残余压应力场,并研究了不同干涉量、衬套厚度、衬套硬度对法兰型压合衬套冷挤压的周向残余压应力的影响,为分析材料的抗疲劳强化效果提供了理论依据和分析手段。通过继续施加远场拉伸载荷对原始孔和冷挤压孔的疲劳寿命进行计算,证明了冷挤压强化后的疲劳寿命得到了大幅提高。

4.5 节对铝合金开孔平板进行了大量疲劳寿命试验,通过在疲劳载荷谱中插入标识谱块,在紧固孔疲劳断口上产生标识条带,可以反推裂纹扩展数据。通过对原始孔和冷挤压孔的结果进行比较,研究了开缝衬套冷挤压工艺对构件疲劳寿命及疲劳裂纹扩展速率的影响。试验表明:冷扩孔的裂纹传播速率比原始孔的传播速率要小,尤其是在短裂纹阶段;而且在应力强度因子 ΔK 较低时,冷挤压对裂纹扩展的阻碍作用更显著。

参 考 文 献

[1] DE MATOS P F P, MOREIRA P M G P, CAMANHO P P, et al. Numerical simulation of cold working of rivet holes[J]. Finite Elem Anal Des, 2005, 41:989-1007.

[2] KARABIN M E, BARLAT F, SCHULTZ R W. Numerical and experimental study of the cold expansion process in 7085 plate using a modified split sleeve[J]. J Mater Process Tech, 2007, 189:45-57.

[3] MAHENDRA BABU N C, JAGADISH T, RAMACHANDRA K, et al. A simplified 3D finite element simulation of cold expansion of a circular hole to capture through thickness variat-ion of residual stresses[J].Eng Fail Anal,2007,15(4):339-348.

[4] HILL R.The expansion of a cylindrical tube[M].UK:Oxford University Press,1950:106-110.

[5] FU Y C,GE E D,SU H H,et al.Cold expansion technology of connection holes in aircraft structures: A review and prospect[J].Chinese Journal of Aeronautics,2015,28(4):961-973.

[6] 张帆,曹增强,张帆,等.钛合金薄壁板干涉强化孔边距工艺研究[J].机械强度,2017,39(6):1432-1437.

[7] WANG Y L,ZHU Y L,HOU S,et al.Investigation on fatigue performance of cold expansion holes of 6061-T6 aluminum alloy[J].International Journal of Fatigue,2017,95:216-228.

[8] CHAUDHARI A Y,PATIL R D.Analysis and experimental investigation of rail joint to improve fatigue life using cold expansion process[J].IOSR Journal of Mechanical and Civil Engineering,2014,2(19):81-84.

[9] YUAN X,YUE Z F,WEN S F,et al.Numerical and experimental investigation of the cold expansion process with split sleeve in titanium alloy TC4[J].International Journal of Fatigue,2015,77:78-85.

[10] ZHANG X H,XU G Q,NIE L,et al.Numerical study on the residual stress field produced by split sleeve hole cold expansion[J].Materials Science and Technology,2019,27(4):64-70.

[11] WANG C Y,LI X F,ZUO D W,et al.Establishment and verification of fatigue life simulation model for cold-expansion hole with split sleeve[J].Ordnance Material Science and Engineering,2016,39(3):43-47.

[12] LIU H,HU D Y,WANG R Q,et al.Experimental and numerical investigations on the influence of cold expansion on low cycle fatigue life of bolt holes in aeroengine supe-ralloy disk at elevated temperature[J].International Journal of Fatigue,2020,132:105390.

[13] 蒋金龙,赵名泮.冷挤压孔板残余应力场分析[J].航空学报,1991,12(10):B511-B513.

[14] POTTER R H.An Analysis of Residual Stresses and Displacements due to Radial Expansion of Fastener Holes[R].[s.l]:AFML-TR-79-4048,1979.

[15] CHAKHERLOU T N,VOGWELL J.The effect of cold expansion on improving the fatigue life of fastener holes[J].Eng Fail Anal,2003,10:13-24.

[16] ABAQUS 6.4 User's Manual[Z],Pawtucket,Rhode Island:ABAQUS Inc,2004.

[17] CAO Z,XU H,ZOU S,et al.Investigation of Surface Integrity on TC17 Titanium Alloy Treated by Square-spot Laser Shock Peening[J].Chinese Journal of Aeronautics,2012,25(4):650-656.

[18] JORDAN T M,GALYA V D,IVAN N M.Modelling of residual stress relaxation around cold expanded holes in carbon steel[J].Journal of Constructional Steel Research,2009,65(4):909-917.

[19] ZAROOG O S,ALI A,SAHARI B B,et al.Modeling of residual stress relaxation of fatigue in 2024-T351 aluminium alloy[J].International Journal of Fatigue,2011,33(2):279-285.

[20] WANG Q,ZHAO Y,NI M L.Fatigue properties of aluminum alloy hole structure strengthened by

high interference fit bushing technique[J].Materials for Mechanical Engineering,2020,44(7):46-50.
[21] CLARK G.Modelling residual stresses and fatigue crack growth at cold expanded fastener holes[J].Fatigue Fract Eng Mater Struct,1991,14:579-589.
[22] BALL D L.Elastic-plastic stress analysis of cold expanded fastener holes[J].Fatigue Fract Eng Mater Struct,1995,18:47-63.
[23] DE MATOS P F P,MOREIRA P M G P,PINA J C P,et al.Residual stress effect on fatigue striation spacing in a cold-worked rivet hole[J].Theor Appl Fract Mech,2004,42:139-148.
[24] PASTA S.Fatigue crack propagation from a cold-worked hole[J].Eng Fract Mech,2007,74:1525-1538.
[25] LIU J,SHAO X J,LIU Y S,et al.Effect of cold expansion on fatigue performance of open holes[J].Mater Sci Eng A,2009,477:271-276.
[26] MURAKAMI Y.Stress intensity factors handbook[M].1st ed.Oxford:Pergamon,1987.

第5章 表面压印强化

与冷挤压工艺一样,压印强化也是一种表面强化工艺,但与冷挤压相比,表面压印具有操作方便、避免孔周初始损伤等优点。目前,对于压印疲劳强化的报道还很少。本章针对某型飞机油箱壁板过油孔,探索了一种新的开孔强化技术——孔边圆弧压印强化,建立了其三维有限元模型并计算得到了不同压入深度下的孔周残余应力分布。在表面压印处理后,所有试验件在远场拉伸疲劳载荷下进行试验。试验结束后用体视显微镜对疲劳断口进行了分析,研究了表面压印强化对铝合金2024-T4 开孔件疲劳性能的影响。

5.1 压印强化工艺

与冷挤压工艺一样,压印强化也是在孔周引起残余压应力,降低循环应力的平均应力,从而达到疲劳强化的效果。通常在开孔上下边缘使用圆弧形压头进行压印强化。图 5-1 为过油孔三孔试件孔边压印强化示意图。

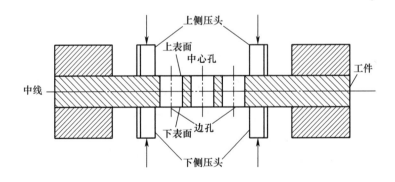

图 5-1 过油孔三孔试件孔边压印强化示意图

圆弧压印强化的优势在于通过压头在孔边的压入,改变材料表面晶粒密度水平,并在孔周危险点引入残余压应力,从而实现无损强化的效果。

5.2 有限元分析

5.2.1 材料属性及压印参数

本节所用材料为 2024-T4 铝合金,其化学成分包括 3.32% Al、4.29% Cu、1.34% Mg、0.46%Mn、0.14%Si、0.31%Fe 和 0.02%Ti。弹性模量和屈服强度分别为 68GPa 和 320MPa,泊松比 $\mu = 0.33$。

试件几何尺寸如图 5-2 所示,试件为 8mm 厚板,沿中心线含三个开孔,加载轴平行于滚轧方向。压头的形状及其几何尺寸如图 5-3 所示。压入深度 d 分别取 0.1mm、0.2mm 和 0.3mm。

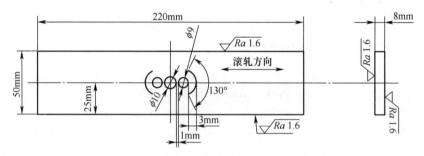

图 5-2 试件几何尺寸

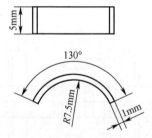

图 5-3 压头的形状及其几何尺寸

5.2.2 有限元模型

本节采用分析软件 ABAQUS 6.8 建立了三维有限元模型来模拟表面压印强化过程,结构分析中的非线性特征由多种非线性因素构成。本节考虑几何、材料和接触的非线性,当结构所承受的变形和转动角度较大时就必须考虑几何非线性。在压头和试件之间定义无摩擦的接触模式,法向接触为硬接触,滑动控制方程设置为小滑动。压印强化三维有限元模型如图 5-4 所示。对于试试件,采用八节点线性等参(C3D8R)单元来进行网格的划分。压头材料为合金钢,其弹性模量和泊松比分别为210GPa和0.3。压头厚度为1mm(图5-3)。为简化计算,将压头视为刚体。

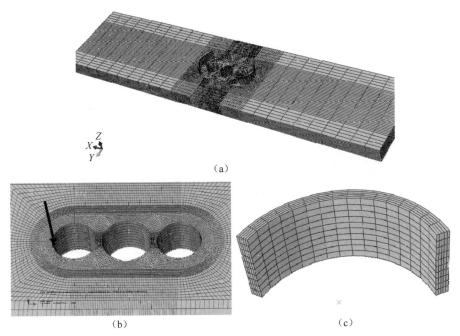

图5-4 压印强化三维有限元模型
(a)模型总体网格;(b)孔周及压印区域网格;(c)刚性压头网格。

边界条件:试试件上下表面约束其法向,夹持端固定,另一端施加远场载荷,压头仅允许在厚度方向上移动,压入深度通过对压头施加强制位移来实现。

整个模拟过程分为三步:压头的压入,卸载,远场加载。本章对不同压入深度下的压印强化过程进行了数值模拟。

5.2.3 有限元结果分析

5.2.3.1 残余应力分布

为了便于对应力分布进行描述,针对压印孔建立如图5-5所示局部坐标系。

表面压印后的孔周残余应力分布如图5-6(a)所示。由图可以看出,表面压印后在 $\theta=68°\sim78°$ 和 $\theta=282°\sim292°$ 的孔边两个位置处产生了较大的残余压应力,且边孔的残余压应力要远高于中孔。对压印件施加远场拉应力后,孔周应力分布如图5-6(b)所示。由图可以看出,施加远场拉应力后,边孔的残余压应力大大减小,孔周最大拉应力出现在中孔的中间厚度处。

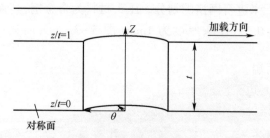

图 5-5 压印孔局部坐标系

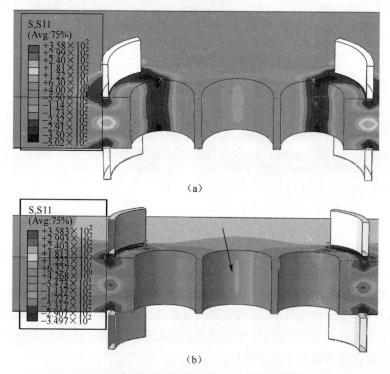

图 5-6 表面压印后的孔周残余应力分布(压印深度 $d=0.3\text{mm}$)
(a) 表面压印后孔边应力分布 (b) 压印件远场载荷下孔边应力分布

5.2.3.2 压印深度和加载情况的影响

对开孔件来说,疲劳裂纹一般沿开孔径向萌生和扩展,因此与其垂直的孔周环向应力对裂纹的萌生和扩展起控制作用。理想的压印强化效果是在孔周的环向形成压缩残余压应力,从而起到延迟疲劳裂纹萌生和扩展的作用。因此,研究不同压印深度下中孔和边孔的孔周环向残余压应力沿厚度方向和径向的分布规律,为表面压印技术的疲劳强化效果的评估提供理论参考。

不同压印深度下孔周环向应力随厚度的变化图如图 5-7 所示。由图可以看出,环向残余压应力随压印深度增大而增加,边孔孔周环向应力沿厚度方向的分布受压印深度的影响较大。当压印深度较小时(如 $d=0.1$mm、$d=0.3$mm),中间位置处残余压应力较小。随着压印深度的增大(如 $d=0.5$mm),中间位置处的孔周环向压应力要大于两端。而中孔最大孔周环向压应力始终发生在中间位置处。由于采用双面对称压印,边孔和中孔的孔周应力在厚度方向上均呈对称分布。因此,只需研究半厚度($z/t=0.5\sim1.0$)的孔边应力分布情况。

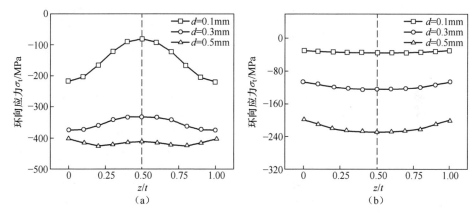

图 5-7 不同压印深度下孔周环向应力随厚度的变化图
(a)边孔;(b)中孔。

不同厚度处孔周环向应力沿孔周的变化图如图 5-8 所示。对于边孔而言,中间位置($z/t=0.5$)和表面位置($z/t=1.0$)处的环向应力随着压印深度的增加而趋于相同,且中间位置处的残余环向压应力随压印深度的增加而增大,直至超过表面残余环向压应力值,这也与图 5-7 的结果相符合。最大残余环向压应力发生在($\theta=68°\sim78°$)和($\theta=282°\sim292°$)两个位置处。对于中孔而言,中间位置和表面位置处的应力相差不大,最大残余环向压应力发生在($\theta=90°$)和($\theta=270°$)两个位置处。

孔周环向残余压应力沿孔周径向的变化图如 5-9 所示。由图可以看出,压印深度对最大残余压应力影响较大,而对残余压应力区大小没有影响。不同压印深度下的残余压应力曲线相交于一点,该交点为压应力和拉应力的转化点(零应力)。对比图 5-9(a)和(b)可知,边孔的残余压应力较大,边孔和中孔的残余压应力区范围分别为距孔边 5.2mm 和 8.3mm。

图 5-10 给出了不同加载情况下环向应力沿孔周径向的变化图。由图可以看出,无论是边孔还是中孔均呈现出明显的应力叠加现象。压印残余应力与远场载荷引起的孔周应力叠加,降低了孔周拉应力水平。经过压印强化后,边孔和中孔的孔边应力分别由 220MPa 和 225MPa 降低为 -152MPa 和 118MPa。

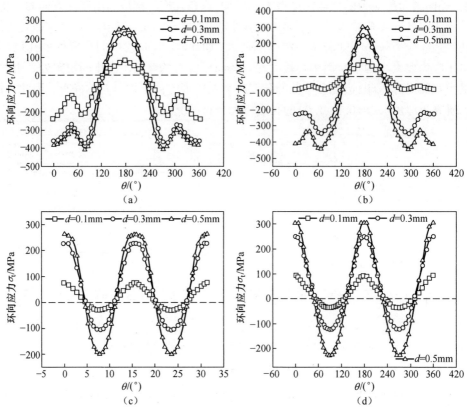

图 5-8 不同压印深度下孔周环向应力沿孔周的变化图
(a) 边孔，$z/t=1.0$；(b) 边孔，$z/t=0.5$；(c) 中孔，$z/t=1.0$；(d) 中孔，$z/t=0.5$。

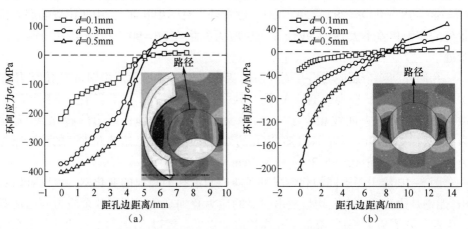

图 5-9 不同压印深度下孔周环向应力随孔边距离的变化图
(a) 边孔，$\theta=68°$；(b) 中孔，$\theta=90°$。

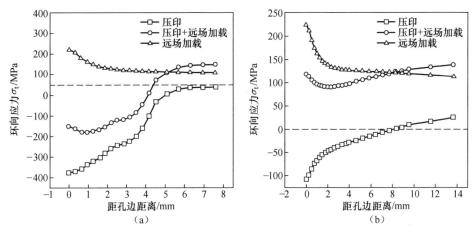

图 5-10 不同加载情况下孔周环向应力随距孔边距离的变化图
(a)边孔,$\theta=68°$;(b)中孔,$\theta=90°$。

5.3 疲劳寿命试验

5.3.1 疲劳寿命试验设置

所有试件均在伺服液压疲劳试验机(MTS810)中进行测试。疲劳测试在常幅载荷下进行,采用正弦载荷波形,其应力比 $R=0.1\left(R=\dfrac{\sigma_{\max}}{\sigma_{\min}}\right)$,载荷频率为12Hz,最大应力为200MPa,测试用材料和试件同5.2节一样。试件分为四组,每组8件。第一组是未经压印强化的原始试件,其他三组的压印深度 d 分别为0.1mm、0.2mm和0.3mm。

5.3.2 疲劳寿命试验结果

1. 疲劳断口分析

压印强化孔的疲劳断裂如图5-11所示。由图可以看出,疲劳裂纹在中孔的中间位置处萌生,裂纹扩展方向垂直加载方向(加载方向垂直于纸面),这也与图5-6(b)中的孔残余应力结果相一致(孔周最大拉应力出现在中孔的中间厚度处)。

2. 疲劳寿命对比

图5-12比较了不同压印深度下开孔件的疲劳寿命。由图可以看出,各组试件平均寿命随压印深度的增加而增大。对于压印强化件,随着压印深度的增加,疲劳寿命的分散性降低。

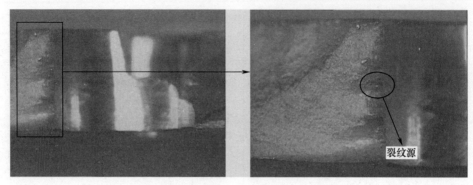

图 5-11 压印强化孔的疲劳断裂(中孔)

采用之前介绍的 t 检验法对不同压印深度下压印孔疲劳寿命与原始孔疲劳寿命进行对比,可以得出以下结论:在 95% 的置信度下,当压印深度为 0.1mm 时压印孔疲劳寿命是原始孔疲劳寿命的 1.52~2.04 倍;当压印深度为 0.2mm 时压印孔疲劳寿命是原始孔疲劳寿命的 1.67~2.19 倍;当压印深度为 0.3mm 时压印孔疲劳寿命是原始孔疲劳寿命的 1.93~2.26 倍,疲劳寿命随压印深度的增加而增大。

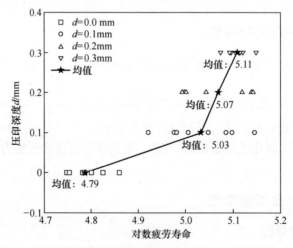

图 5-12 不同压印深度下的疲劳寿命对比 (σ_{max} = 200MPa, R = 0.1)

5.4 小 结

本章通过试验和有限元方法研究了表面压印强化对某型飞机机翼油箱壁板过油孔疲劳行为的影响。5.1 节简要介绍了表面压印强化工艺及其强化机理;5.2 节探索了一种新的开孔强化技术——孔边圆弧压印强化,利用有限元软件 ABAQUS

对其强化过程进行了模拟,研究了孔边双面压印强化后孔周残余压应力;5.3节对未经强化孔和不同压印深度下的强化孔进行了一系列疲劳试验,分析了不同情况下的疲劳断口与压印前后的疲劳寿命。其主要结论如下:

(1) 孔边双面压印强化后孔周残余压应力在厚度方向上呈对称分布。中孔孔周残余压应力小于边孔,但其压应力区比边孔要大。孔周残余压应力随压入深度的增大而增加;

(2) 疲劳裂纹在中孔的中间厚度位置处萌生;

(3) 采用 t 检验法对压印前后的疲劳寿命进行分析,结果表明在本章所采用的三种压印深度下(0.10mm、0.20mm 和 0.30mm),疲劳寿命随压印深度的增加而增长。

第6章 激光冲击强化

激光冲击强化也是一种表面强化技术,该技术主要是利用高功率脉冲激光的冲击压力来达到零部件的表面强化目的。由于激光冲击产生的冲击压力持续时间极短[1-3],冲击后材料的动态响应剧烈,用常规试验方法实时监测和分析动态应力、残余应力及形状的变化等非常困难,同时这一复杂过程也很难用理论模型进行研究,因此有限元数值模拟分析是研究激光冲击强化的一种有效方法。

本章针对某型火箭发动机煤油一级泵出口导管,采用激光冲击强化工艺对其焊接区域进行表面强化,建立了激光冲击强化过程的三维有限元模型,研究了焊接导管强化前和强化后的残余应力与变形等情况。

6.1 激光冲击强化工艺

如图 6-1 所示,激光冲击强化技术是利用短脉冲高能量激光束形成高温高压的等离子团,产生瞬时等离子体冲击波;其向零件内部传播时,能够使工件表层材料发生高速塑性应变,在零件表面产生表面压应力,从而实现对零件的表面强化[4-6]。

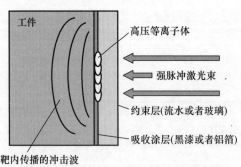

图 6-1 激光冲击强化过程示意图

激光冲击强化主要涉及两个典型过程:激光诱导等离子体爆轰波产生冲击压力和靶材在瞬态冲击压力作用下的动态响应。如图 6-2 所示,其激光冲击的强化原理主要是利用高功率脉冲激光对金属材料进行冲击,提高零件表面硬度,在零件表层形成残余压应力的同时使其表面晶粒细化,从而改善零件的性能[4]。

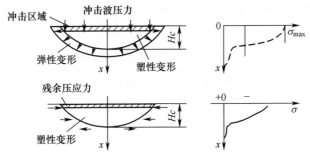

图 6-2 激光冲击强化过程中的力学效应

6.2 有限元模型

6.2.1 焊接导管的几何尺寸

某型火箭发动机煤油一级泵出口导管横截面尺寸为 $\phi 86mm \times 3mm$,因此焊接导管的尺寸如图 6-3 所示,D_1 为 86mm,D_2 为 80mm,其中 D_1 为导管的外径,D_2 为导管的内径。激光冲击过程中的强化区域不仅需要覆盖整个焊接区域,还应该向焊缝两边延伸,覆盖焊缝和母材的连接区域。在焊接导管模拟件中,焊接接头的焊缝为 8mm,强化区域的总长度设置为 21mm。

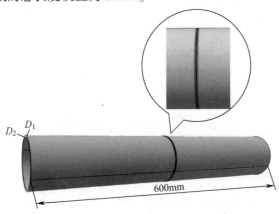

图 6-3 焊接导管的尺寸

6.2.2 焊接过程的有限元模拟

1. 材料参数

焊接是一个伴随着高温的复杂非线性过程,在焊接过程中,焊接试验件的物理性能会随着焊接温度的变化而变化。焊接导管的材料为 Q345 钢,其热物理性能、力学参数和线膨胀系数分别如表 6-1~表 6-3 所列。

表 6-1　Q345 钢的热物理参数

温度/℃	热导率/(mW/(mm·℃))	密度/(t/mm³)	比热容/(mJ/(kg·℃))
20	45	7.8×10^{-9}	451000000
400	37	7.8×10^{-9}	570000000
700	27	7.8×10^{-9}	835000000
800	32	7.8×10^{-9}	704000000
1000	34	7.8×10^{-9}	678000000
1300	41	7.8×10^{-9}	711000000
1450	121	7.8×10^{-9}	721000000
1500	121	7.8×10^{-9}	726000000

表 6-2　Q345 钢的力学参数

温度/℃	弹性模量/MPa	泊松比	屈服强度/MPa
20	209000	0.280	341
100	202000	0.282	307
200	197000	0.284	353
400	182000	0.288	294
600	155000	0.292	129
800	101000	0.296	37
1000	79300	0.300	6
1200	16400	0.304	6
1500	0.1	0.310	2

表 6-3　Q345 钢的线膨胀系数

温度/℃	线膨胀系数/($\times10^{-5}$℃)
20	1.19
1500	1.49

2. 热源模型

在焊接模拟过程中,最重要的就是焊接时热源的加载。焊接热源模型主要分为点热源模型、高斯面热源模型和双椭球热源模型[7-10],其中最常用的是双椭球热源模型。如图 6-4 所示,双椭球热源模型分为前半椭球和后半椭球。

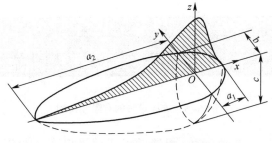

图 6-4 双椭球热源模型

针对双椭球热源模型,其前半椭球和后半椭球的数学表达式分别为:

$$q_1(x,y,z) = \frac{6\sqrt{3}(f_1\Phi)}{a_1 bc\pi\sqrt{\pi}}\exp\left[-3\left(\frac{x^2}{a_1^2}+\frac{y^2}{b^2}+\frac{z^2}{c^2}\right)\right] \quad (6-1)$$

$$q_2(x,y,z) = \frac{6\sqrt{3}(f_2\Phi)}{a_2 bc\pi\sqrt{\pi}}\exp\left[-3\left(\frac{x^2}{a_2^2}+\frac{y^2}{b^2}+\frac{z^2}{c^2}\right)\right] \quad (6-2)$$

$$f_1 + f_2 = 2 \quad (6-3)$$

式中:a_1 为焊接方向前半轴长;a_2 为焊接方向后半轴长;b 为焊缝宽度方向半轴长;c 为焊缝深度方向半轴长;f_1、f_2 分别为前半椭球和后半椭球的能量比。

在热源模型中,首先需要确定其特征参数值。Goldak[8] 基于低碳钢试验得出参数,其中 b 比真实焊缝熔宽稍小,推荐为 0.45 倍的熔宽,$a_1 \approx b$;a_2 为 a_1 的 2 倍,c 推荐为 0.9 倍的熔深。焊接前通过对该初始几何参数进行校核,确定了该热源模型中的参数值,进而定义了焊接过程中的热源模型。

3. 单元类型与网格划分

焊接过程是一个高度非线性瞬态热过程,在焊接模拟过程中,可采用顺序耦合或者热力耦合来得到焊接后的温度场和应力场。顺序耦合计算速度快,仅能单向耦合(温度场转变为应力场);热力耦合计算精度大,可以双向耦合。

本节采用 ABAQUS 有限元软件,模拟时选择热力耦合的方式。试验件采用八节点三维实体单元,焊接采用的单元类型为热力耦合单元 C3D8T。焊接时,选择焊接电流为 80A,焊接电压为 16V,焊接速度为 13.51mm/s,焊接总时间为 20s。为保证精度和提高运算速度,划分网格时采用不均匀网格划分法,在焊缝及其附近的部分采用加密的网格,在远离焊缝的母材区域,网格划分相对较粗,模型网格如图 6-5 所示。

4. 分析步与相互作用

本模型使用单道焊,采用了生死单元法来模拟其焊缝的形成。当模拟开始前,首先将焊缝中单元全部"杀死";然后再把这些"被杀死"的单元依次重新激活恢复

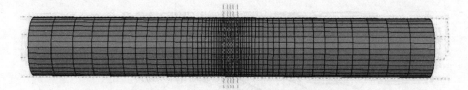

图 6-5 焊接导管的有限元模型

到初始状态。基于生死单元法,焊缝的形成就可以在 ABAQUS 有限元软件的 STEP 模块中得以实现。在初始(initial)分析步中首先将焊缝单元全部杀死;然后再将其全部激活(此处也可以用类似增材制造仿真的形式激活单元,即通过多个分析步分批激活不同单元)。焊接结束后,设置冷却步,使模型冷却 600s。

在相互作用模块,利用牛顿法则和玻耳兹曼定律分别考虑焊接工件与外部环境的对流和辐射。在热循环过程中,熔池周围辐射热损失占主导地位,而远离熔池的母材区域对流热损失占主导地位[11-12]。对流换热系数反映对流换热的强弱,本模型设为 $0.035 mW/(mm^2/K)$,接近弱对流空气中的情况。经验表明,随着对流换热系数的减小,残余应力有所减小。但是,何雄君等[12]得出该变化并非单调的:过慢的冷却会使局部高温区的影响时间增加,过快的冷却会使局部温差增大,这些因素都会导致残余应力的增加。

在模拟过程中,辐射换热系数设为 0.85,同时设置玻耳兹曼常数为 $5.67 \times 10^{-11} mJ/(mm^2 \cdot K^4 \cdot s)$。本节讨论了焊接导管与相邻部件之间的辐射问题,有[13]

$$a_r = \frac{\varepsilon C_b \left[\left(\frac{T_W}{100} \right)^4 - \left(\frac{T_f}{100} \right)^4 \right]}{T_W - T_f} \tag{6-4}$$

式中:a_r 为辐射换热系数;ε 为辐射率(黑度),数值在 0~1 之间变化;C_b 为斯忒藩-玻耳兹曼常数;T_W 为试验件表面的热力学温度;T_f 为环境空气的热力学温度。

5. 载荷与边界条件

在焊接过程中,设置的边界条件主要包括温度场分析的边界条件和残余应力场分析的边界条件,其中最重要的就是温度场中焊接热源的加载。在温度场模拟过程中,假设焊接初始环境温度为 20℃。首先,通过 FORTRAN 语言对其双椭球热源模型子程序进行编译,定义了焊接过程中的热源模型和焊接路径;然后,将编译好的子程序导入温度场模型中,从而完成对焊接热源模型的加载。在应力场模拟过程中,模型边界条件与载荷施加情况如图 6-6 所示。

6.2.3 激光冲击强化过程的有限元模拟

进行激光冲击模拟时,并不需要建立新的有限元模型,直接采用焊接残余应

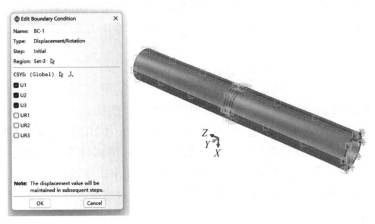

图 6-6 模型在焊接过程中的边界条件与载荷施加情况

力场模型即可,只需把焊接残余应力场加载到激光冲击模型中。首先,在焊接有限元模型建立之前,设置重启动分析,计算得到焊接后的温度场和应力场;其次,复制原来 ABAQUS 有限元软件模型,将焊接结果导入该模型中;最后,在此模型上进行激光冲击强化时的本构模型的选择、分析步的设置和冲击压力的加载等步骤,完成激光冲击强化后残余应力场的模拟。

1. 冲击压力的估算

激光冲击过程是非线性复杂动力学问题,激光诱导的冲击波峰值压力大且作用时间短。在激光冲击强化有限元模拟过程中,如何实现激光冲击波诱导产生压应力的过程是一个难点。在激光冲击强化过程中,冲击波峰值压力大小和载荷的加载方式是激光冲击波诱导产生压应力的核心。

对激光冲击波峰值压力的估算模型中,最著名的是 Fabbro 模型[14]。此模型以一维模型为基础,在对模型进行相关假设后,推导出在约束条件下,激光冲击强化过程诱导的压应力的估算公式[15]为

$$P = 0.01\sqrt{\frac{\alpha}{2\alpha+3}}\sqrt{Z}\sqrt{\gamma I_0} \qquad (6-5)$$

$$I_0 = \frac{4aE}{\pi\tau d^2} \qquad (6-6)$$

式中:P 为激光冲击波产生的峰值压力,(GPa);I_0 为脉冲激光的平均功率密度;α 为热力学能转化成热能的系数(通常取 0.10~0.15);γ 为吸收层对激光能量的吸收率(一般取 0.7);Z 为约束层和靶材的折合声阻抗,(g·cm^{-2}·s^{-1});a 为激光能量吸收系数;E 为单脉冲能量,(J);τ 为激光脉宽;d 为光斑直径。

激光冲击形成残余压应力的过程本质上是产生永久塑性变形的过程。激光冲

击波在材料内部传播时,冲击波的能量不断减少,当激光冲击波的压力小于最高弹性应力(HEL)时,塑性变形停止[15]。因此,可以根据 HEL 来选择激光工艺参数,其表达式为[16]

$$\text{HEL} = \frac{1-v}{1-2v}\sigma_{y_0}^D \tag{6-7}$$

式中:v 为泊松比;$\sigma_{y_0}^D$ 为高应变率下材料的动态屈服强度。

根据 Ballard 所提出的理论,当激光冲击波峰值压力 $2\text{HEL} \leqslant P \leqslant 2.5\text{HEL}$,才能得到最佳的激光冲击强化效果[17-18]。通过式(6-7)可以计算得到激光冲击强化时的峰值压力的范围,进而估算出脉冲激光冲击时功率密度的最佳范围。

激光冲击波压力波的波形对研究激光冲击波压力的估算有重要的作用。通过研究发现激光冲击压力波的波形近似为高斯分布,设置其冲击压力持续时间为激光冲击脉冲时间(t_d)的 6 倍,如图 6-7 所示。

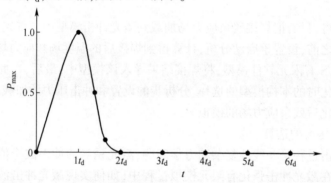

图 6-7 激光冲击压力波的波形

激光冲击波的空间分布模型如图 6-8 所示,其三维模型表达式如下:

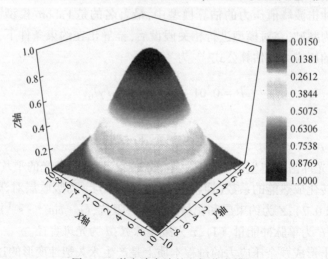

图 6-8 激光冲击波的空间分布模型

$$P = P_{\max}f(t)f(r) \tag{6-8}$$

$$f(r) = \exp\left(\frac{-r^2}{2r_0^2}\right) \tag{6-9}$$

式中：r_0 为激光有效加热半径；$P_{\max}$ 为激光冲击产生的峰值压力；t 为激光加载时间；$f(t)$ 为时间 t 的函数。

r 是 x 和 y 的函数；$f(r)$ 为高斯分布系数。

基于以上理论，我们可以通过建立冲击压力脉冲曲线以及空间分布函数来实现激光冲击载荷的加载。

2. 分析步

在激光冲击模拟时，首先建立两个分析步：第一个分析步为载荷分析步；第二个分析步为冲击后回弹分析步。已知冲击波压力的持续时间为激光脉冲宽度的 6 倍，选取激光脉宽为 20ns，因此单个激光点的冲击波的作用时间设定为 120ns，则载荷分析步作用时间为 2.84×10^{-4}。为了能够得到稳定状态下的残余应力分布，考虑材料在发生塑性应变后要进行部分回弹，故设定回弹分析步时间为 300s。

3. 载荷与边界条件

在载荷分析步设置激光冲击压力的加载，并将焊接的应力场结果导入该模型中。由于每个激光冲击点的冲击压力的加载太烦琐，因此通过 FORTRAN 语言进行编制，定义了冲击过程中的冲击压力模型和激光冲击路径。在激光冲击强化过程中，激光冲击试验系统需要夹住竖直放置的试样一端，因此模型在激光冲击强化时的边界条件如图 6-9 所示。

图 6-9　模型在激光冲击强化时的边界条件

6.3　有限元结果分析

焊接残余应力的存在对构件的力学性能和稳定性具有重要的影响，通过激光冲击可以对其焊缝进行表面强化，从而消除焊接残余应力的不良影响。

6.3.1 研究路径的选取

为了方便研究激光冲击强化过程中的残余应力分布,建立了柱坐标系,并在导管外部强化区域选取其研究路径来提取残余应力(图 6-10)。

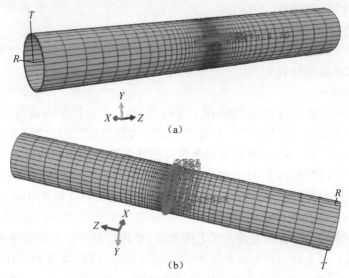

图 6-10 残余应力提取路径示意图
(a)路径 1;(b)路径 2。

6.3.2 残余应力分布

图 6-11 给出了柱坐标系下焊接导管强化前后三个方向上的残余应力分布。从图 6-11(a)可以看出,焊接导管经焊接后在中间焊接区域(焊缝)产生了较大的径向残余拉应力(σ_{11}),在焊缝两侧区域产生了较大的径向残余压应力。经过激光冲击强化,中间焊缝及其两侧区域中较大的径向残余应力区已经消失,这表明激光冲击强化工艺基本可消除焊接导管表面的径向残余拉应力。同样地,焊接导管激光冲击强化前后的周向残余应力的分布与径向残余应力的分布类似[图 6-11(b)]。激光冲击强化后,中间焊缝处的残余拉应力基本消除,甚至转化成较小的残余压应力。另外,还可以发现,焊接导管经激光冲击波轰击后的周向残余应力并非连续分布的。

从图 6-11(c)中可以看出,焊接导管焊接后产生的轴向残余应力分布情况与径向和周向残余应力分布情况相反,其在中间焊缝处产生了较大的残余压应力,而在焊缝两侧区域产生了较大的残余拉应力。同时,激光冲击强化工艺消除了焊接导管焊缝及两侧大部分区域的残余拉应力,其残余应力也呈不连续分布。

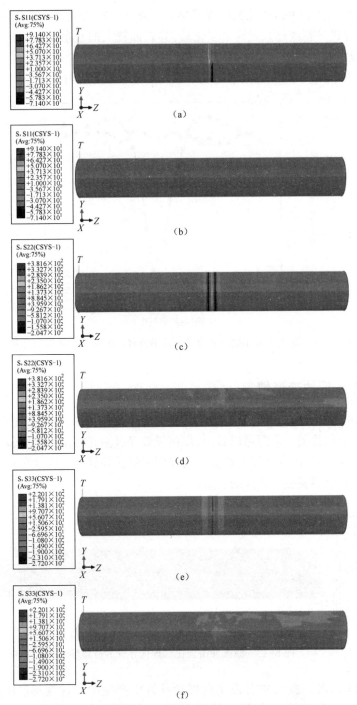

图 6-11 焊接导管强化前后三个方向上的残余应力分布
(a)、(b) 径向(σ_{11});(c)、(d)周向(σ_{22});(e)、(f)轴向(σ_{33})。

图6-12给出了激光冲击强化前后焊接导管沿路径1的轴向残余应力分布。由图可以看出,焊接导管经过激光冲击强化后,其表面较大的残余拉应力区基本消除,大部分区域由残余拉应力大幅减小,有的区域甚至转变为残余压应力。另外,还可以看出,在整个焊接导管中,其轴向残余应力的分布较为均匀。

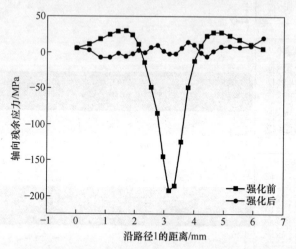

图6-12 激光冲击强化前后焊接导管沿路径1的轴向残余应力分布

6.3.3 强化后的变形情况

激光冲击强化后,焊接导管中发生了塑性变形,图6-13给出了激光冲击强化后焊接导管的位移场。由图可以看出,焊接导管经过激光冲击强化后,其端部产生了较大的位移,这是因为在激光冲击强化过程中焊接导管的一端被夹具固定,所以在激光冲击后该端发生了较大的变形。

图6-13 激光冲击强化后焊接导管的位移场

图6-14给出了激光冲击强化后焊接导管中产生的塑性变形。由图可以看出,激光冲击强化后焊接导管的焊缝区域产生了塑性变形,其最大塑性变形为0.07。

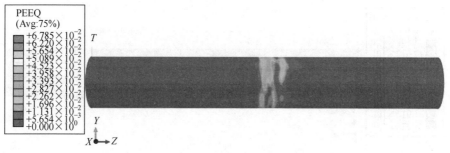

图 6-14 激光冲击强化后焊接导管中产生的塑性变形

6.3.4 冲击压力的影响

在激光冲击强化过程中,冲击压力的大小取决于激光能量、脉冲宽度等激光工艺参数。在激光冲击试验之前,由于激光设备中的脉宽等参数不易更改,因此仅需要确定激光冲击时的能量大小。本章选取了三个激光冲击压力峰值,分别为 4000MPa、6000MPa 和 8000MPa,研究了不同冲击压力下焊接导管中的轴向残余应力分布。

激光冲击强化后,不同冲击压力下焊接导管中产生的轴向残余应力云图如图 6-15 所示。可以看出,激光冲击强化后,焊接导管也是在其一端出现了轴向残余应力区,与位移场分布情况一致。

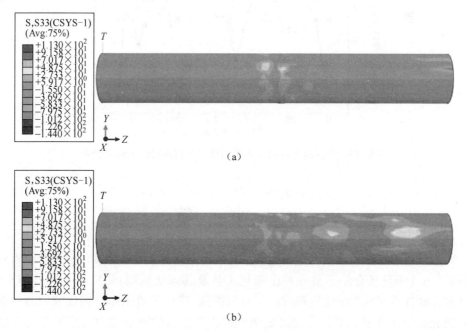

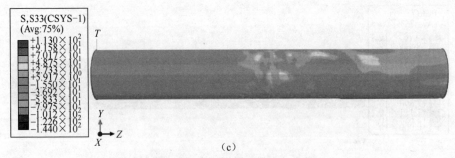

(c)

图6-15 不同激光冲击压力下强化后的轴向残余应力分布

(a)4000MPa;(b)6000MPa;(c)8000MPa。

图6-16为激光冲击强化后焊接导管在不同冲击压力下沿路径2的轴向残余应力分布。由图可以看出,随着冲击压力的增加,焊接导管中间焊缝区域的残余拉应力逐渐较小,甚至有部分区域转变为残余压应力。在激光冲击压力为8000MPa时,激光冲击后的残余压应力区较大,强化效果较好。

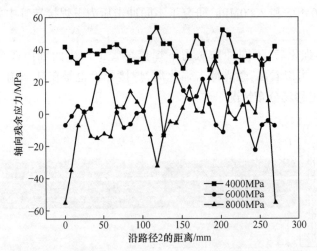

图6-16 不同激光冲击压力下沿路径2的轴向残余应力分布

6.4 小　　结

本章通过有限元数值模拟研究了激光冲击强化对某导管焊接接头残余应力的影响。6.1节简要介绍了激光冲击强化工艺及其强化机制;6.2节利用ABAQUS有限元软件对其激光强化过程进行了数值模拟,建立了激光冲击强化前后的三维有限元模型;6.3节对导管焊接区域激光冲击强化后的残余应力与变形等情况进行了分析。其主要结论如下。

（1）激光冲击强化后，焊接导管表面较大的残余拉应力区基本消除，大部分区域由残余拉应力大幅减小，有的区域甚至转变为残余压应力。

（2）在激光冲击强化过程中，焊接导管的中间焊缝区域产生的塑性变形较大。

（3）随着冲击压力的增加，焊接导管中间焊缝区域的残余拉应力逐渐较小，甚至有部分区域转变为残余压应力。在激光冲击压力为 8000MPa 时，激光冲击后的残余压应力区较大，强化效果较好。

参 考 文 献

[1] 周建忠,樊玉杰,黄舒,等.激光微喷丸强化技术的研究与展望[J].中国激光,2011,38(6):0601003-1-11.

[2] 周建忠,杨小东,黄舒,等.双面激光喷丸强化 ZK60 镁合金的残余应力数值研究[J].2010,37(7):1850-1855.

[3] HU Y X, GRANDHI R V. Efficient numerical prediction of residual stress a-nd deformation for large-scale laser shock processing using the eigenstrain methodolo-gy[J]. Surface and Coatings Technology,2012,206(15):3374-3385.

[4] 汪伟力.2A11 铝板焊接结构的激光冲击强化数值模拟和实验研究[D].镇江:江苏大学,2015.

[5] 邹世坤.激光冲击处理技术的最新发展[J].新技术新工艺,2005,4:44-46.

[6] 李伟,李应红,何卫锋,等.激光冲击强化技术的发展和应用[J].激光与光电子学进展,2008,12:15-19.

[7] ROSENTHAL D. The theory of moving sources of heat and its application to metal[J]. Transactions of the ASME,1946,68(8):849-865.

[8] GOLDAK J, CHAKRAVARTI A, BIBBY M. A new finite element model for welding heat sources [J]. Metallurgical and Materials Transactions B,1984,15(2):299-305.

[9] PAVELIC V, TANBAKUCHI R, AUYEHARA O. Experimental and computed temperature histories in gas tungsten arc welding of thin plates[J]. Weld J Res Supplement,1969,48(7):287-295.

[10] 谢丹.管道焊接接头残余应力及氢扩散模拟研究[D].北京:中国石油大学,2021.

[11] 钟群鹏,赵子华.断口学[M].北京:高等教育出版社,2006.

[12] 何雄君,何江源.对流换热系数对厚板焊接残余应力应变研究[J].重庆交通大学学报（自然科学版）,2017,36(11):7-10,15.

[13] 黄剑,柳存根.焊接温度场中复合换热系数的分析[J].船舶工程,2009,31(4):79-83.

[14] FABBRO, FOUNIER J,et al. Physical study of laser produced plasma in confined geometry[J]. Journal of Applied Physics,1990,68(2):775-784.

[15] 张超.激光冲击船用钢板焊接结构的数值分析和实验研究[D].镇江:江苏大学,2013.

[16] PEYRE P,SOLLIER A,CHAIEB I,et al. FEM simulation of residual stresses induced by laser peening[J]. The European Physical Journal Applied Physics,2003,23(2):83-88.
[17] BALLARD P. Residual stress induced by rapid impact-application of laser shocking[D].France: Ecole Poly-technique,1991.
[18] BALLARD P,FOURNIER J,FABBRO R,et al. Residual stresses induced by laser shocks[J]. Journal de Physique IV(France). 1991,1(8,Suppl):487-494.

第7章 搭接件紧固孔的疲劳

在现代航空工业中,飞行器设计的主要目标是减轻质量和增加可靠性。搭接结构连接件在飞行器制造过程中得到广泛应用,如机身蒙皮、机翼壁板等[1-2]。紧固孔搭接结构的疲劳失效分析和寿命预测显得尤为重要。据报道,紧固孔的疲劳断裂占飞机老化断裂的50%~90%[2-4]。

对于紧固孔搭接结构,载荷通过紧固件受剪和搭接板之间的摩擦力来传递。由于紧固件和孔壁之间存在非线性接触,紧固孔连接件的应力分布十分复杂。Eastaugh[5]对纵向机身搭接件应力分布进行了全面描述。Park[6]研究了载荷传递对沉头铆钉孔裂纹萌生的影响。Silva[7]讨论了多点损伤(MSD)现象,并研究了铝合金2024-T3紧固孔搭接件的疲劳行为。Liao[8]基于Smith-Waston-Topper(SWT)模型,提出了预测机身搭接件疲劳寿命分布的解析方法。

此前的研究多集中在平搭接结构(搭接片为平板),斜搭接结构的疲劳行为却鲜有报道。斜搭接结构是指在搭接片的密合面上引入搭接角,其细节设计在文献中尚未出现,有待进一步探索。

本章对机翼壁板斜搭接结构进行了一系列的疲劳试验,疲劳试验过后,通过断口分析研究紧固孔裂纹萌生和扩展行为,并用有限元模拟的方法研究了搭接角对斜搭接结构裂纹形核位置和裂纹萌生机制等疲劳行为的影响。

7.1 搭接件疲劳寿命试验

试件所用材料为2024铝合金,搭接面为斜面,搭接后厚度为8mm。装配试件含两列沉头铆钉。两个搭接片用沉头铆钉装配成斜搭接试件,典型的几何尺寸如图7-1所示。铆钉装配预紧力为5.5kN,干涉量为0.3%。过盈装配可以减小紧固件和孔壁之间的相对滑动,从而达到减小微动疲劳损伤的目的。

试验件共42件,根据搭接角和铆钉排数的不同将试件分为6组,每组7件。所有试件在伺服液压疲劳试验机INSTRON8802上进行。在试件的两个外表面上施加防弯夹具以防产生面外弯曲,如图7-2所示。其中,所施加的疲劳载荷的最大值$F_{max}=30kN$,应力比$R=0.06$,加载频率为4Hz。

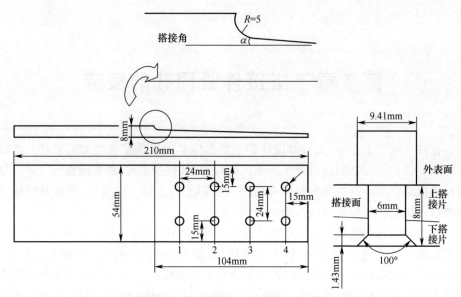

图 7-1 搭接片及沉头铆钉的几何尺寸

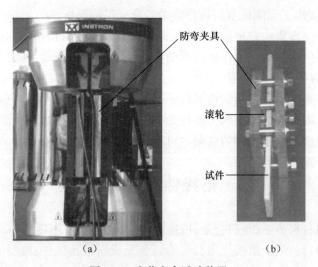

图 7-2 疲劳寿命试验装置

7.2 疲劳寿命试验结果分析

7.2.1 疲劳寿命

每组试件的疲劳寿命如表 7-1 所列。由表可以看出,在铆钉排数相同时,疲劳寿命随搭接角的增加而增大。5排铆钉的疲劳寿命要高于4排铆钉。典型的断裂失效试件如图7-3所示,试件在下搭接板第一排孔处断裂,原因是紧固孔边缘为应力集中部位,导致局部应力升高[9]。

表7-1 斜搭接结构试验疲劳寿命

组号	铆钉排数/排	搭接角/(°)	平均寿命/次	变异系数
A	4	1.68	411196	0.23
B	4	1.10	268464	0.21
C	4	0.55	223141	0.26
D	4	0.00	101738	0.18
E	5	1.39	613804	0.30
F	5	0.72	295671	0.27

图7-3 断裂失效试件

7.2.2 疲劳断口分析

疲劳断口分析,主要是分析疲劳断口上的疲劳条带、疲劳弧线等特征。疲劳断口的定量分析,不仅可以在断口定性分析的基础上分析失效的性质、确认失效原因,而且能够根据失效件上的信息,使断口分析更接近具体的环境条件[10]。

对于搭接结构而言,孔边应力集中通常由紧固件和孔边的接触以及次生弯矩引起。有研究表明,接触面之间的摩擦系数以及紧固件预紧力会导致孔边应力集中。紧固孔裂纹通常在两个位置处形核:一种裂纹在紧固件和孔壁的交合处形核,这种裂纹通常是由局部高应力引起的;另一种裂纹在孔壁内部一段距离处萌生,这种裂纹通常是由微动磨损疲劳引起的[8]。

疲劳试验后,断面通过体式光学显微镜研究裂纹形核机制。由图7-4可以看出,裂纹主要在两个位置处萌生。当搭接角 $\alpha=0$ 时(平搭接)时,如图7-4(a)所示,裂纹在搭接面紧固孔边缘形核,裂纹形核由应力集中引起。

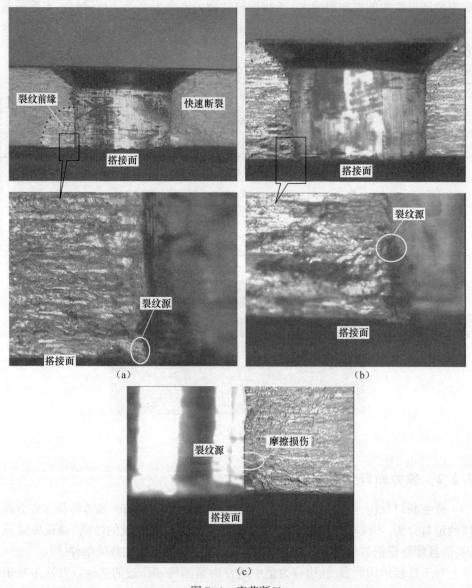

图 7-4 疲劳断口
(a)$\alpha=0$;(b)$\alpha=1.12°$;(c)$\alpha=1.68°$。

由图 7-4(b)可知,随着搭接角的增大,裂纹形核发生在孔壁,距离搭接面有一小段距离,并伴随着轻微的摩擦损伤。由图 7-4(c)可知,当搭接角 $\alpha=1.68°$ 时这种现象更加显著,裂纹萌生位置距搭接面内孔边缘有一定距离。断口分析可知,搭接角对裂纹萌生位置和萌生机制有一定影响。

7.3 有限元模型

7.3.1 模型建立

本节采用 ABAQUS 有限元软件建立了斜搭接的三维有限元模型,并通过 ABAQUS/standard 进行分析。在进行网格划分时采用线性六面体减缩积分单元 C3D8R(三维八节点连续单元)。斜搭接有限元模型及网格如图 7-5 所示,在有限元模型中,孔周的网格进行了细化。模型尺寸采用试件原始尺寸。

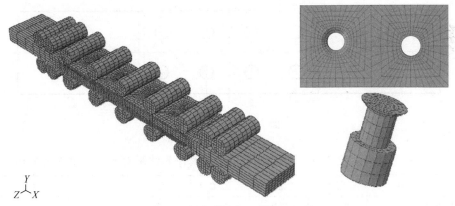

图 7-5 斜搭接有限元模型及网格

根据试验,上搭接板一端采用固定约束,在下搭接板一端施加周期载荷。在初始分析中分别定义三对接触面。

(1) 上下搭接板之间的接触;
(2) 铆钉与孔壁之间的接触;
(3) 螺帽与上搭接板之间的接触。

对于所有的接触面,摩擦系数设定为 $\mu=0.3$,滑动方程设定为小滑动。

典型的材料力学属性通过拉伸试验标定。在塑性范围内,塑性流动行为遵循非线性应力-应变曲线:

$$\sigma = C\varepsilon^n \tag{7-1}$$

式中:σ 为流动应力;ε 为应变;C 为强度系数;n 为应变硬化指数。

7.3.2 模型验证

对试件进行三次静态试验。应变测试试验件及应变片粘贴位置如图 7-6 所示,测试应变与有限元计算结果的对比如表 7-2 所列。

测试应变均值与有限元计算结果之间最大误差为9.85%,证明了有限元模型的有效性。

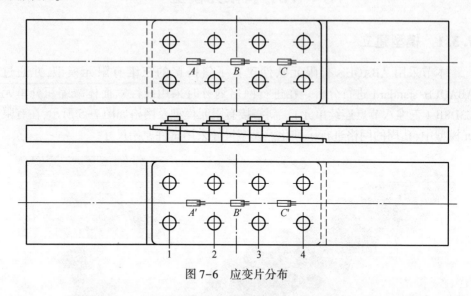

图7-6 应变片分布

表7-2 测试应变与有限元计算结果对比　　　单位:1.0×10⁻⁶

试件编号	点A	点B	点C	点A′	点B′	点C′
2110-003-1	1793	1338	760	768	1280	1867
2110-003-2	1172	1125	1027	1113	1183	1314
2110-003-3	1270	1088	1016	1022	1204	1315
均值	1412	1184	934	967	1222	1498
有限元结果	1483	1104	878	873	1134	1600
误差/%	5.05	6.75	6.03	9.85	7.21	6.8

7.4 有限元结果分析

7.4.1 钉排数的影响

钉的排数是搭接件的另一个重要设计细节。图7-7给出了钉排数对钉载分配和孔周最大冯·米塞斯(von Mises)应力的影响。由图可以看出,钉排数不同时,第一排钉载基本不变,只是改变中间的钉载比例。当钉排数为4排时,钉载分布较为均匀,最小钉载比例为9%,最大应力较大(210MPa),但仍在允许范围内。当钉排数位5时,第3排钉承载率较小(2.5%),造成了浪费。综合考虑设计要求、经济性和减重的原则,选用4排钉的方案更加合理。

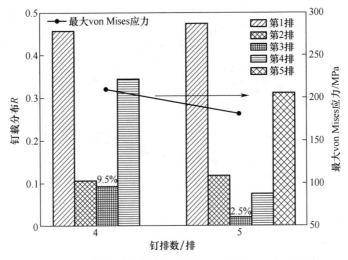

图 7-7 钉排数对钉载分布和最大 von Mises 应力的影响

7.4.2 载荷传递

受剪连接件应力集中导致疲劳损伤和裂纹萌生,应力集中位置和载荷传递方式有关。本节考虑两种载荷传递模式。

(1) 铆钉承担的剪力;

(2) 上下搭接板之间的摩擦力。

第一种载荷传递模式和搭接角、过盈量和冷挤压等因素有关;第二种载荷传递模式主要和钉预紧力和上下搭接板之间的摩擦力有关。钉传载荷分布可以表示为

$$R = p_t/(p - p_f) \tag{7-2}$$

式中:p_t 为每排钉所传递的载;p 为施加的总载荷;p_f 为板间摩擦力传递载荷。

各排钉传递载荷大小以及板间摩擦力可以通过有限元计算结果中的接触力输出来得到。图 7-8 给出了钉载分布随搭接角的变化规律。由图可以看出,第 1 排钉和第 4 排钉承担了最大载荷,而它们均随搭接角的增加而减小。另外,第 3 排和第 4 排钉承担载荷较小,而它们均随搭接角的增加而增大,搭接角的增大使得各排钉承载分布更加均匀。

7.4.3 搭接件应力分布

一般来说,裂纹增长方向垂直于最大主应力方向。上下搭接片的最大主应力分布如图 7-9 所示。由图可以看出,最大主应力发生在下搭接片第 1 排孔处(图 7-1)。这与试验结果一致,试件在同样位置处断裂(图 7-3)。

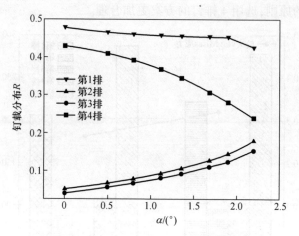

图 7-8 搭接角对钉载分布的影响(4 排钉)

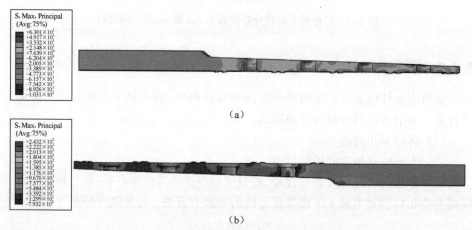

图 7-9 搭接片对称面上的最大主应力分布
(a) 上搭接片;(b) 下搭接片。

搭接角对斜搭接最大主应力的影响如图 7-10 所示。由图可以看出,当搭接角 $\alpha=1.68°$ 时孔周应力水平最低。

7.4.4 孔周应力分布

对于紧固孔,裂纹总是沿径向(垂直于环向应力)萌生并扩展。因此,沿孔周环向应力分布是本章关注的重要方面。

图 7-11 给出了下搭接板第 1 排孔不同搭接角下的孔周环向应力分布。由图可以看出,搭接角对孔周环向应力影响十分显著。

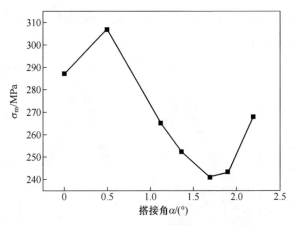

图 7-10 搭接角对斜搭接最大应力的影响

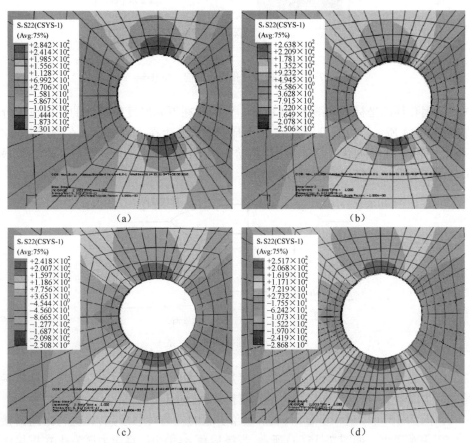

图 7-11 不同搭接角下的孔周环向应力分布
(a)$\alpha=0$;(b)$\alpha=1.12°$;(c)$\alpha=1.68°$;(d)$\alpha=2.20°$。

图 7-12 显示最大拉伸应力发生在 θ = 90° 和 270° 方向上。当搭接角 θ = 1.68° 时,孔周应力最小。

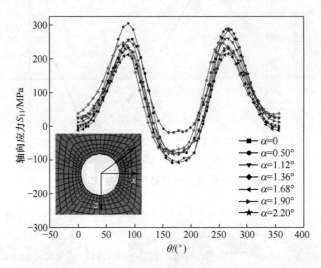

图 7-12 搭接角对孔周拉伸应力的影响

紧固孔局部坐标系如图 7-13 所示。紧固孔在不同厚度位置处的环向应力分布如图 7-14 所示。由图可以看出,最大环向应力发生在 θ = 90° 处。在特定方向 θ = 90° 上,沿 h 轴方向最大环向应力随搭接角的不同而变化。当搭接角 α = 0° 时,最大环向应力发生在搭接面上(h/t = 0)。

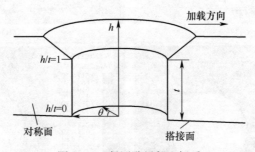

图 7-13 紧固孔局部坐标系

值得注意的是,孔边环向应力随搭接角的增大而减小,而孔壁上的应力随搭接角的增大而增大,最大环向应力逐渐远离搭接面,向孔壁转移。

由图 7-15 可以进一步看出,由搭接角引起的应力转移现象,高应力区随搭接角的变化而变化。如图 7-15(a)所示,当搭接角 α = 0° 时,高应力区发生在搭接面上。如图 7-15(d)所示,当搭接角 α = 2.20° 时,高应力区向孔壁中间位置转移。

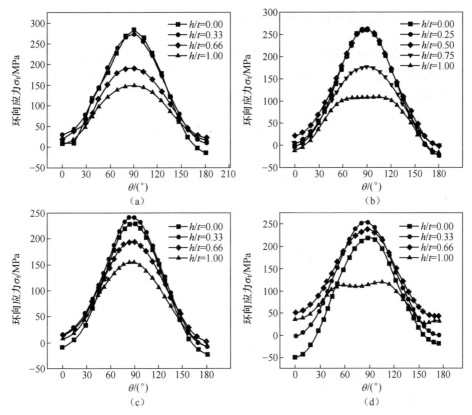

图 7-14 不同厚度位置处环向应力随搭接角的变化图

(a) $\alpha=0°$; (b) $\alpha=1.12°$; (c) $\alpha=1.68°$; (d) $\alpha=2.20°$。

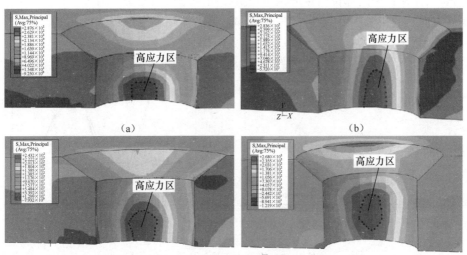

图 7-15 紧固孔在不同搭接角下的最大主应力分布(高应力区用虚线标出)

(a) $\alpha=0$; (b) $\alpha=1.12°$; (c) $\alpha=1.68°$; (d) $\alpha=2.20°$。

7.4.5 沉头铆钉表面接触压力分布

搭接角引起的应力转移现象可以由沉头铆钉表面接触压力分布来解释,铆钉与孔壁之间的接触压力可以从有限元结果中输出。为了便于描述接触压力分布,对沉头铆钉建立如图 7-16 所示的局部坐标系。

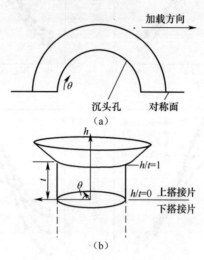

图 7-16 沉头铆钉局部坐标系

图 7-17 给出了搭接角 $\alpha = 0°$ 和 $\alpha = 1.68°$ 两种情况下铆钉的接触压力分布。对比图 7-17(a)和(b)可以看出,搭接面($h/t=0$)上的接触压力随搭接角的增大而减小,而铆钉中间部位的接触压力随搭接角的增大而增加。另外一个重要特征是 θ 方向上的接触压力,当搭接角 $\alpha = 0°$ 时,最大接触压力在 $\theta = 30° \sim 60°$。

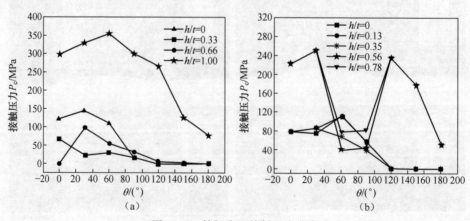

图 7-17 铆钉表面接触压力分布
(a)$\alpha = 0$;(b)$\alpha = 1.68°$。

当搭接角 $\alpha = 1.68°$ 时,接触压力分布随 h/t 值的增加而改变。当 h/t 为 0.56 和 0.78 时,最大接触压力发生在两个位置处($\theta = 30°$ 和 $\theta = 120°$)。搭接角对铆钉接触压力分布的影响导致了高应力区由孔边向孔壁转移。

7.5 小 结

本章采用的是试验研究与数值仿真相结合的方法,研究了搭接角对斜搭接结构裂纹形核位置和裂纹萌生机制等疲劳行为的影响。7.1 节对机翼壁板斜搭接结构开展了一系列的疲劳试验,并对其断口进行了扫描;7.2 节通过实验结果和断口分析,研究了斜搭接件中紧固孔的裂纹萌生和扩展行为;7.3 节和 7.4 节,采用有限元数值模拟,研究了搭接角对斜搭接结构钉载分布、应力场和接触压力的影响。其主要结论如下。

(1) 在铆钉排数相同时,疲劳寿命随搭接角的增加而增大。5 排铆钉的疲劳寿命要高于 4 排铆钉。

(2) 经过模拟,当搭接角 $\alpha = 0°$ 时角裂纹在搭接面孔边萌生,疲劳裂纹萌生由应力集中引起。

(3) 随着搭接角的增加,裂纹萌生位置转移至孔壁,并伴随轻微的摩擦损伤。

参 考 文 献

[1] SCHIJVE J. Fatigue of aircraft materials and structures[J]. Int J Fatigue, 1994, 16:21-32.

[2] MOLENT L, JONES R. Crack growth and repair of multi-site damage of fuselage lap joints[J]. Eng Fract Mech, 1993, 44:627-637.

[3] FINNEY J M, EVANS R L. Extending the fatigue life of multi-layer metal joints[J]. Int J Fatigue, 1997, 19(3):265-275.

[4] GORANSON U G. Fatigue issues in aircraft maintenance and repairs[J]. Int J Fatigue, 1998, 20: 413-431.

[5] Eastaugh G F, SIMPSON D L, STRAZNICKY P V, et al. A special uniaxial coupon test specimen for the simulation of nultiple site fatigue crack growth and link-up in fuselage skin splices[R]. [s.l]:NASA 96N24261, 1995.

[6] CHUL Y P, ALTEN F G. Effect of load transfer on the cracking behavior at a countersunk fastener hole[J]. Int J Fatigue, 2006, 29(1):146-157.

[7] SILVA L F M, GONCALVES J P M, OLIVEIRA F M F, et al. Multiple-site damage in riveted lap-joins: experimental simulation and finite element prediction[J]. Int J Fatigue, 2000, 22:319-338.

[8] LIAO M, SHI G, XIONG Y. Analytical methodology for predicting fatigue life distribution of fuse-

lage splices[J]. Int J Fatigue,2001,23:S177-S185.
[9] DAWICKE D S,PHILLIPS E P,SWENSON D V,et al. Crack growth from loaded countersunk rivet holes:durability of metal aircraft structures:Proceedings of the International Workshop on Structural Integrity of Aging Airplanes[C]. Atlanta:Springer Verlag,1992.
[10] 刘新灵,张峥,陶春虎. 疲劳断口定量分析[M]. 北京:国防工业出版社,2010.

第8章 疲劳裂纹尖端参数分析

8.1 引　言

1975年，Pearson[1-2]首先发现在相同应力强度因子幅下，疲劳短裂纹扩展速率远高于长裂纹。此后，众多学者开始大量研究疲劳短裂纹的这种不规则行为[3-4]。

目前，已发现的疲劳短裂纹扩展不规则行为的原因包括材料微结构、裂纹物理尺寸、疲劳裂纹闭合和裂尖塑性效应[5]。对于物理短裂纹，局部塑性范围与裂纹尺寸在同一数量级，一般采用弹塑性断裂力学参数作为裂纹扩展驱动力，如J积分[6-7]。也有学者提出，能够反映裂尖塑性钝化行为的参数来表征短长疲劳裂纹增长率[8]。有限元分析表明短裂纹裂尖局部塑性流动比长裂纹更容易发生[9]。

目前，人们对铝锂合金疲劳裂纹在不同尺度下裂纹扩展抗力的差异性尚缺乏清晰的认识，对铝锂合金疲劳裂纹尺度效应的细观机制及裂尖参数也缺乏相应的研究，这将给材料国产化及新材料的应用带来极大的困难。另外，大型民用客机铝锂合金结构中的疲劳裂纹在实际飞行载荷谱作用下的疲劳行为与实验室恒幅循环应力下的疲劳行为也具有较大的差异性。这些方面的欠缺导致了我国在民用客机研制过程中，铝锂合金结构疲劳裂纹萌生和扩展的预报技术相对落后。铝锂合金疲劳裂纹在不同尺度阶段表现出的疲劳裂纹扩展抗力也相去甚远，在相同的应力强度因子作用下，铝锂合金短裂纹扩展速率一般比长裂纹高2~3个数量级，而且应力强度因子越低，这种差别越大[10]。跨尺度疲劳裂纹扩展模型已不能单纯使用Paris公式中应力强度因子幅来表征，需要寻找新的参数来描述。

本章通过建立不同尺寸裂纹的弹塑性有限元模型，对其裂纹尖端的应力、应变和位移场等参数进行了模拟分析，研究了裂纹尺寸及应力比对裂尖参数的影响，旨在研究复杂载荷下铝锂合金多尺度疲劳裂纹萌生和扩展机制和相应的裂尖参数，以便在后续建立铝锂合金跨尺度疲劳裂纹扩展模型，为铝锂合金结构损伤容限设计提供重要参考和依据。

8.2　有限元模型

如图8-1(a)所示，模型选用带中心裂纹的无限大板，长150mm，宽40mm，中

心含有长度为 $2a$ 的裂纹,在长度方向上施加远场载荷。裂纹长度 $2a$ 依次取值为 0.1 mm、0.2 mm、0.4 mm、1.0 mm 和 2.0 mm。

所施加的载荷历程如图 8-1(b) 所示,应力强度因子幅 ΔK 依次取为 1.5 MPa·$m^{1/2}$、1.75 MPa·$m^{1/2}$ 和 2.0 MPa·$m^{1/2}$,应力比 $R=-1$。在加载过程中选取 a、b、c、d、e、f 5 个典型时刻点进行研究。

选取的裂纹尺寸及加载情况如表 8-1 所列。

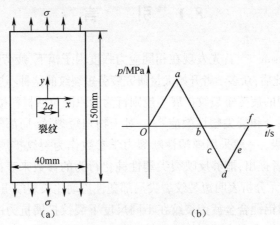

图 8-1 试件几何尺寸与加载历程示意图
(a) 试件几何尺寸;(b) 加载历程。

表 8-1 选取的裂纹尺寸及加载情况

类别	裂纹长度 $2a$/mm	σ_{max}/MPa	ΔK/(MPa·$m^{1/2}$)	σ_{min}/MPa
Ⅰ	0.1	159.58、139.63、106.39	2.0、1.75、1.5	-159.58、-139.63、-106.39
Ⅱ	0.2	112.84、98.74、75.03	2.0、1.75、1.5	-112.84、-98.74、-75.03
Ⅲ	0.4	79.79、69.82、53.19	2.0、1.75、1.5	-79.79、-69.82、-53.19
Ⅳ	1.0	50.46、44.15、33.64	2.0、1.75、1.5	-50.46、-44.15、-33.64
Ⅴ	2.0	35.68、31.22、23.79	2.0、1.75、1.5	-35.68、-31.22、-23.79

本章的弹塑性有限元计算采用学术界及工业界广泛使用的 ABAQUS 进行计算。材料采用 2198-T8 铝锂合金,该材料目前已大量应用在 C919 客机机身等直段中。其应力—应变曲线如图 8-2 所示,弹性模量 $E=77$ GPa,泊松比 $v=0.3$,0.2%屈服强度和极限强度分别为 510 MPa 和 582 MPa。塑性屈服服从 Von Mises 准则。

对于有很强的各向异性硬化或软化行为的材料,则需要考虑包辛格(Bauschinger)效应,它是负向加载条件下影响疲劳裂纹增长的最重要的塑性循环属性。同时,它对反向塑变和裂尖附近张开位移也有很大影响。因此,Bauschinger 效应

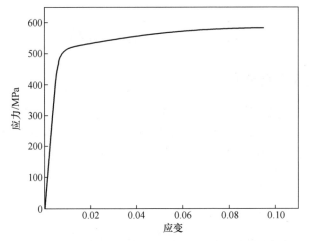

图 8-2 铝锂合金 2198-T8 材料应力-应变曲线

对包含压应力的疲劳裂纹扩展过程有很大影响,在此模型中采用线性随动硬化方式体现其影响[11]。

由于试件的对称性,采用 1/4 试件建模,以减少计算量,有限元模型如图 8-3 所示。因 $B/W < 0.2$,所以本节中的有限元模型采用平面应力单元,以反映实验中所用薄板试件的应力状态。此外,在裂纹面上通过刚体单元模拟裂纹面的接触,以防止在压载荷下裂纹面上节点穿透对称面[11],模型划分为 14710 个 CPS4R 单元。在裂尖附近对网格进行了细化,裂尖最小单元尺寸约为裂尖塑性区的 1/100,以保证计算结果精度。同时,考虑裂尖的剧烈变形,建模时采用大变形几何非线性模型[11]。

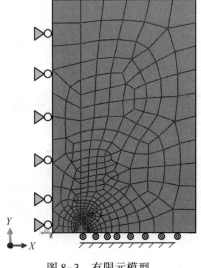

图 8-3 有限元模型

8.3 有限元结果分析

8.3.1 裂尖应力场分布

不同加载时刻裂尖应力分布云图如图8-4所示。在 a 时刻(拉载荷达到最大),裂尖拉应力最大,应力分布呈蝴蝶形;在 b 时刻(拉载荷卸载至零),裂尖出现压应力区,裂尖前方为拉应力区;在 d 时刻(压载荷达到最大),裂尖拉应力消失,裂尖压应力达到最大;在 f 时刻(压应力卸载至零),裂纹尖端仍残留压应力区,压应力前方出现残余拉应力区。

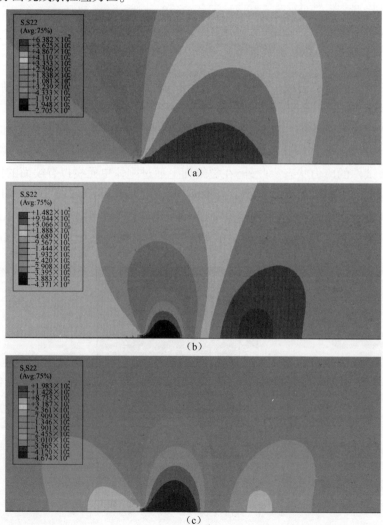

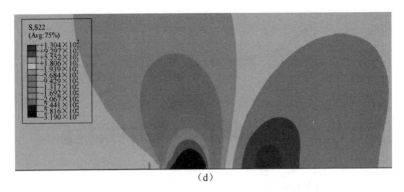

(d)

图 8-4 不同加载时刻裂尖应力分布云图

对于在 8.2.1 节中给出的 5 个不同长度的裂纹,在同一个应力强度因子下不同加载时刻的裂尖前方应力分布如图 8-5 所示。由图 8-5 可以看出,加载至 a 点

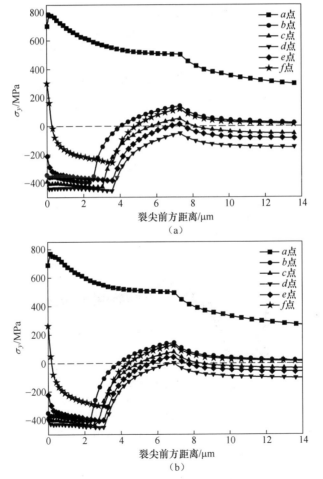

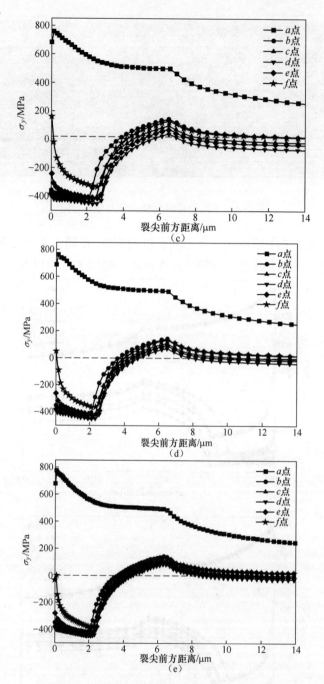

图 8-5 不同裂纹长度下裂尖前方应力分布

(a) $\Delta K = 2.0$ MPa·m$^{1/2}$, $2a = 0.1$ mm; (b) $\Delta K = 2.0$ MPa·m$^{1/2}$, $2a = 0.2$ mm;
(c) $\Delta K = 2.0$ MPa·m$^{1/2}$, $2a = 0.4$ mm; (d) $\Delta K = 2.0$ MPa·m$^{1/2}$, $2a = 1.0$ mm;
(e) $\Delta K = 2.0$ MPa·m$^{1/2}$, $2a = 2.0$ mm。

时裂尖拉应力最大；卸载至 b 点时，裂尖出现残余压应力；进一步施加压载荷至 c 点，裂尖压应力进一步增大；加载至 d 点时（压载荷最大），裂尖压应力达到最大值；卸载至 f 点时，部分裂尖压应力恢复，但仍残留压应力。

由图 8-5 还可以看出，短裂纹下裂尖应力对压载荷的变化比较敏感，而长裂纹下压载荷的变化对裂尖应力的影响相对较小。短裂纹下裂尖产生的裂尖压应力区比长裂纹要大。

8.3.2 裂尖塑性应变分布

图 8-6 给出了不同应力强度因子幅下，不同长度裂纹的裂尖等效塑性应变分布。裂尖尖端塑性应变随着裂尖前方距离的增加而迅速减小，随着应力强度因子幅的增大而增大。裂纹越短，裂尖塑性应变和裂尖塑性区越大；而且应力强度因子越大，不同尺寸裂纹之间的差异越显著。

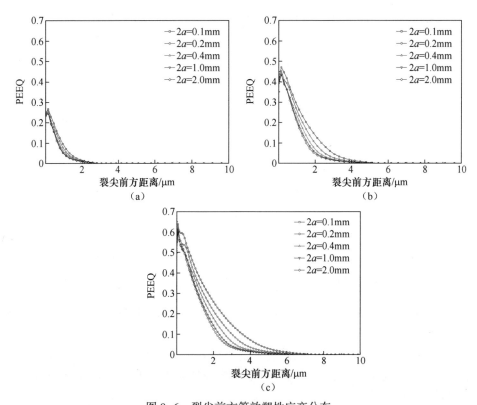

图 8-6 裂尖前方等效塑性应变分布

(a) $\Delta K=1.50$ MPa·m$^{1/2}$；(b) $\Delta K=1.75$ MPa·m$^{1/2}$；(c) $\Delta K=2.00$ MPa·m$^{1/2}$。

8.3.3 裂尖面张开位移

图 8-7 给出了不同长度裂纹在加载至拉载荷最大值时(a 时刻)的裂尖后方裂纹面张开位移。可以看出,当 $\Delta K=1.50\mathrm{MPa\cdot m^{1/2}}$ 时,从裂尖到距裂尖 $4\mu m$ 处,不同长度裂纹的张开位移相差不大,之后裂纹面张开位移随着裂纹长度的变大而增大。远端的张开位移由弹性变形引起,可由弹性分析得出。

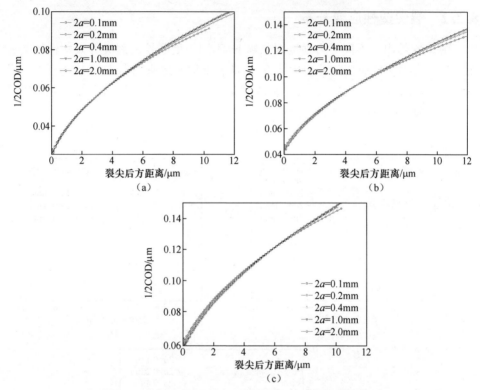

图 8-7 拉载荷最大时(a 时刻)裂尖后方裂纹面张开位移
(a)$\Delta K=1.50\ \mathrm{MPa\cdot m^{1/2}}$;(b)$\Delta K=1.75\ \mathrm{MPa\cdot m^{1/2}}$;(c)$\Delta K=2.00\ \mathrm{MPa\cdot m^{1/2}}$。

当 $\Delta K=1.75\mathrm{MPa\cdot m^{1/2}}$ 时,从裂尖到距裂尖 $4\mu m$ 处,长度为 0.1mm 的裂纹张开距离略高于其他裂纹;之后,长度为 0.1mm 的裂纹张开距离低于其他裂纹。

当 $\Delta K=2.00\mathrm{MPa\cdot m^{1/2}}$ 时,从裂尖到距裂尖 6.5mm 处,长度为 0.1mm 的裂纹张开距离显著高于其他裂纹。这是由于在相同的应力强度因子下,短裂纹裂尖产生的裂尖塑性区较大。

图 8-8 给出了不同长度裂纹在拉载荷卸载至零时(b 时刻)的裂纹面张开位移。由图可以看出:当 $\Delta K=1.50\ \mathrm{MPa\cdot m^{1/2}}$ 时,不同尺寸裂纹的裂尖张开位移相差不大;当 $\Delta K=1.75\ \mathrm{MPa\cdot m^{1/2}}$ 时,0.1mm 裂纹的裂尖张开位移明显高于其他裂

纹;当 $\Delta K=2.00$ MPa·m$^{1/2}$时,各裂纹之间的差异变大,裂纹越长,其裂尖张开位移越小。

分析:裂尖发生不可恢复的塑性变形后产生裂尖钝化,在完全卸载后裂尖附近难以闭合。裂纹越短,其裂尖塑性区越大,裂尖钝化越明显。

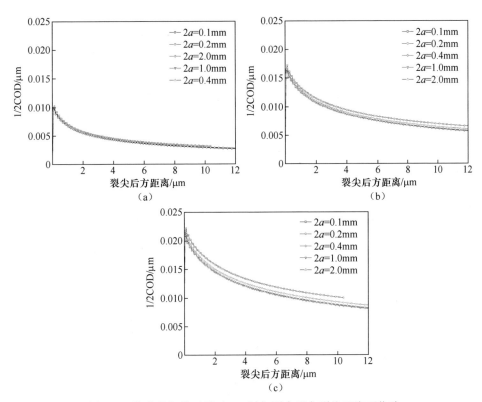

图 8-8 拉载荷卸载至零时(b 时刻)裂尖后方裂纹面张开位移
(a)$\Delta K=1.50$ MPa·m$^{1/2}$;(b)$\Delta K=1.75$ MPa·m$^{1/2}$;(c)$\Delta K=2.00$ MPa·m$^{1/2}$。

图 8-9 给出了不同长度裂纹在不同加载时刻裂尖后方裂纹面张开位移。由图可以看出,随着压载荷的增加,裂纹面张开位移不断减小,到 d 时刻(压载荷最大时)裂纹面张开位移达到最小。此后,裂纹面张开位移随着压载荷的减小而有所恢复,但是当压载荷卸载至零时,裂纹面张开位移最终没有恢复到 b 时刻的位移,这是由于在压载荷作用下裂尖产生了反向塑性区。

对比图 8-9(a)和(e)可以看出,短裂纹在 b 时刻和 f 时刻的差距较大,而长裂纹在 b 时刻和 f 时刻的差距较小。这是由于在反向加载过程中,短裂纹裂尖塑性区较大,而长裂纹裂尖塑性区较小。

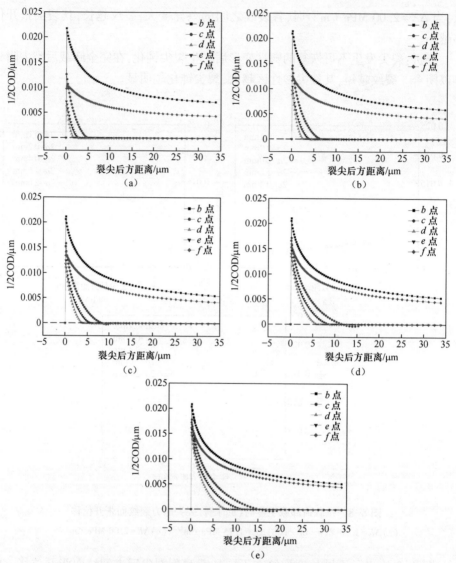

图 8-9 在不同加载时刻裂尖后方裂纹面张开位移

(a) $\Delta K=2.00$ MPa·m$^{1/2}$, $2a=0.1$ mm; (b) $\Delta K=2.00$ MPa·m$^{1/2}$, $2a=0.2$ mm;
(c) $\Delta K=2.00$ MPa·m$^{1/2}$, $2a=0.4$ mm; (d) $\Delta K=2.00$ MPa·m$^{1/2}$, $2a=1.0$ mm;
(e) $\Delta K=2.00$ MPa·m$^{1/2}$, $2a=2.0$ mm。

8.3.4 应力强度因子和应力比的影响

1. 应力强度因子的影响

有研究表明疲劳裂纹扩展一般是由裂尖塑性变形引起的裂尖剪切带滑移所引

起,裂尖塑性区的尺寸对裂纹扩展速率有很大影响。

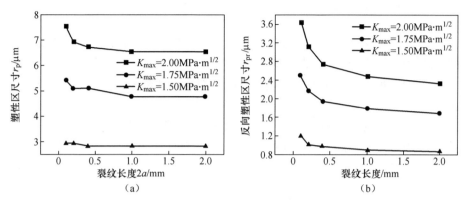

图 8-10 在不同应力强度因子下裂尖塑性区尺寸和反向塑性区尺寸随裂纹长度的变化图
(a)裂尖塑性区尺寸随裂纹长度的变化图;(b) 裂尖反向塑性区尺寸随裂纹长度的变化图。

图 8-10 给出了在不同应力强度因子下,裂尖塑性区尺寸和反向塑性区尺寸随裂纹长度的变化图。裂尖塑性区和反向塑性区均随裂纹长度的增加而减小,随应力强度因子的增加而增大。在短裂纹阶段裂尖塑性区对应力强度因子的变化更敏感。

2. 应力比的影响

图 8-11 给出了应力比对裂尖前方应力分布的影响。由图可以看出,裂尖压应力随着应力比的减小而增加,而且压应力区变大;随着应力比的增加,反向塑性区变大。

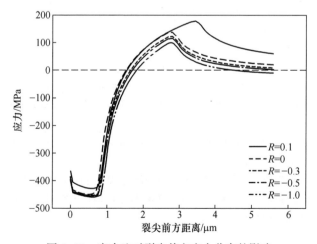

图 8-11 应力比对裂尖前方应力分布的影响

143

8.4 小　　结

本章通过建立不同尺寸裂纹的弹塑性有限元模型,研究了裂纹尺寸及应力比对裂尖参数的影响,其主要结论如下。

(1) 裂纹尺寸对裂尖参数有显著影响。裂纹尺寸越短,裂尖应力对载荷变化越敏感。

(2) 在相同的应力强度因子下,短裂纹裂尖塑性区较大。

(3) 裂尖压应力随着应力比的减小而增加,且压应力区变大;随着应力比的增加,反向塑性区变大。

参 考 文 献

[1] 秦承华. 镍基合金 GH4169 疲劳小裂纹扩展性能研究[D]. 上海:华东理工大学,2015.

[2] PEARSON S. Initiation of fatigue cracks in commercial aluminum alloys and the subsequent propagation of very short cracks[J]. Engng Fract Mech,1975,7:235-247.

[3] MILLER K J,DE LOS RIOS E R. The behavior of short fatigue crack[M]. London:Mechanical Engineering Publications,1986.

[4] RITCHIE R O,LANKFORD J. Small fatigue cracks[M]. Warrendale,PA:TMS-AIME,1986.

[5] RITCHIE R O,LANKFORD J. Overview of the small crack problem[M]//Small fatigue cracks: Warrendale. PA:TMS-AIME,1986.

[6] DOWLING N E. Crack growth during low-cycle fatigue of smooth axial specimens[C]//Cyclic stress-strain and plastic deformation aspect of fatigue crack growth. ASTM STP 637. West Conshohocken:ASTM International,1977:97-121.

[7] EI HADDAD M H,DOWLING N E,TOPPER T H,et al. Jintegral application for short fatigue cracks at notches[J]. Int J Fract,1980,16:15-30.

[8] WANG C H,ROSE L R F. Crack-tip plastic blunting under gross section yielding and implications for modeling physically short cracks[J]. Fatigue Fract Engng Mater Struct,1999,22: 761-773.

[9] WANG T C,MILLER K J. Elastic-plastic finite element analyses of short crack[J]. Fatigue Fract Engng Mater Struct,1982,5:249-263.

[10] 陈圆圆. 2xxx 航空铝合金的疲劳与断裂行为研究[D]. 长沙:中南大学,2010.

[11] 宋欣,张嘉振,赫晓东. 压载荷对疲劳裂纹在 Paris 区内扩展影响的有限元研究[J]. 机械强度,2009,31(1):122-127.

第9章　疲劳裂纹扩展双参数模型及试验分析

在现代飞机设计中,随着损伤容限的引入,疲劳裂纹扩展寿命的预测变得尤为重要。针对民机材料和结构,本章通过理论分析介绍了描述疲劳裂纹扩展的双参数模型,对典型的开孔件疲劳裂纹开展扩展试验,基于试验数据开展疲劳裂纹扩展量化分析。此外,本章还采用双参数疲劳裂纹扩展模型对疲劳裂纹扩展速率进行了预测,并与试验结果进行了对比,为后续的研究提供了理论基础。

9.1　疲劳裂纹扩展双参数模型

随着航空技术的发展,对飞机关键结构的疲劳性能要求更加突出,疲劳裂纹扩展寿命的预测变得尤为重要,国内外专家学者对疲劳裂纹扩展模型进行了大量研究。Paris[1]在描述疲劳裂纹在每个加载周下的扩展速率时引入应力强度因子幅的概念,使得预测疲劳裂纹扩展寿命成为可能:

$$da/dN = C(\Delta K)^m \tag{9-1}$$

式(9-1)认为,在给定应力比下,疲劳裂纹扩展速率仅与单个参数即应力强度因子幅有关。这表明对于同样材料的两个裂纹,若应力强度因子幅相同,则其疲劳裂纹扩展速率也相同。然而,有研究发现在某些加载条件下,疲劳裂纹扩展速率并不能准确用应力强度因子幅来描述,如应力比的影响、短疲劳裂纹的扩展以及随机加载下疲劳过载/欠载等情况。为了在这些加载条件下更准确地描述疲劳裂纹扩展率,需提出新的疲劳裂纹扩展参数。

Elber[2-3]提出了用有效应力强度因子幅的概念来描述裂纹闭合效应:

$$\Delta K_{eff} = K_{max} - K_{op} \tag{9-2}$$

式中:K_{op}为疲劳裂纹完全张开时所对应的应力强度因子。

因而疲劳裂纹扩展可表示为

$$da/dN = C(\Delta K_{eff})^m \tag{9-3}$$

Vasudevan[4-5]指出疲劳裂纹闭合效应对疲劳裂纹扩展的影响十分有限,他指出,疲劳裂纹扩展应当用两个参数来描述:应力强度因子幅 ΔK 和最大应力强度因子 K_{max}。这种方法为双参数法或联合法。

近年来,Zhang[6]提出了新的参数 $da/d\sigma$ 来描述疲劳裂纹扩展速率,即在任意加载时刻应力的改变对裂纹扩展的影响。利用这个参数,推导出新的疲劳裂纹扩展模型,并证明双参数法更适合描述疲劳裂纹扩展速率。

da/dN 和 $da/d\sigma$ 的基本关系可描述为

$$da/dN = \int_{\sigma_i}^{\sigma_f}(da/d\sigma)d\sigma = \int_{\sigma_i}^{\sigma_f}da = \int_0^{\sigma_{max}ten}da \qquad (9-4)$$

从动态扫描电镜的观测结果中,可看到由裂尖剪切带开裂引起的新形成的疲劳裂纹。剪切带的形成是裂尖周围产生塑性区的结果,因此可合理假设新形成的疲劳裂纹长度的小增量可描述为

$$da = g(\rho)d(\rho) \qquad (9-5)$$
$$g(\rho) = A(\rho)^\alpha$$

式中:ρ 为塑性区尺寸;$d(\rho)$ 为当前塑性区尺寸的增量;$g(\rho)$ 为塑性区尺寸的函数。

A 是由之前的应力循环产生的反向塑性区尺寸确定的,因此可假设参数 A 为

$$A = B(\rho_r)^\beta \qquad (9-6)$$

综合式(9-3)~式(9-6),有

$$\begin{cases} da/dN = C\Delta K^{2(\alpha+\beta+1)}\left[(1-R^{2(\alpha+1)})/(1-R)^{2(\alpha+1)}\right] \\ C = (1/2)^{2\beta}[1/(\alpha+1)]B(1/\pi)^{\alpha+\beta+1}(1/\sigma_{ys})^{2(\alpha+\beta+1)} \end{cases} \qquad (9-7)$$

9.2 开孔件疲劳裂纹扩展试验

9.2.1 材料参数

本节试验所用材料为钛合金 Ti-6Al-4V,化学成分为 92.13% Al、4.41% Cu、1.52% Mg、0.59% Mn、0.5% Si、0.5% Fe、0.1% Cr 和 0.25% Zn,其余成分为 Ti。材料的力学性能通过单轴拉伸试验获得,应力-应变曲线如图 9-1 所示。

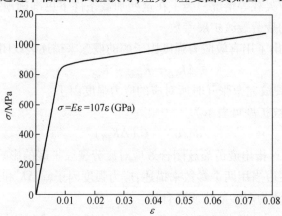

图 9-1 钛合金 Ti-6Al-4V 单轴拉伸应力-应变曲线

9.2.2 试件与试验装置

试验件为5mm厚平板,在加载轴线上有两个孔,试验件的几何尺寸如图9-2所示。

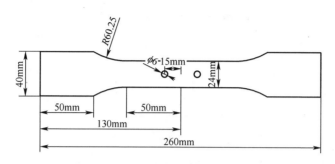

图 9-2　试件的几何尺寸

所有试件均在伺服液压疲劳试验机 INSTRON 8802 上进行。载荷谱由两个载荷块谱交替变化组成,目的在于建立裂纹长度和加载次数之间的关系。第一个载荷块谱为随机谱,对应某型飞机400h飞行小时。第二个载荷块谱为常幅标识谱,应力比 $R(\sigma_{min}/\sigma_{max})=0.53$,最大值为第一个载荷块谱中的最大值。对第二个载荷块谱的加载次数进行优化,以便在疲劳断口上形成清晰的疲劳条带。

所有疲劳试验的加载频率为10Hz。对每组试验件,分别在三个应力水平上进行(287MPa、319MPa 和 345MPa)试验。应力水平由第一个载荷块谱中的最大载荷控制。

9.2.3 试验结果分析

1. 疲劳寿命

图9-3给出了三个应力水平下的疲劳寿命。由图可以看出,随着应力水平的增加,疲劳寿命迅速降低;在低应力水平下试件疲劳寿命分散性较大。

2. 疲劳断口分析

疲劳试验完成后,要对所有断裂试件的疲劳断口进行体视显微镜检查。典型的疲劳断口形貌如图9-4所示。由图可以看出,在断口上存在清晰的标识谱线,其方向垂直于裂纹传播方向。为了便于提取裂纹扩展数据,在标识谱线处用黑线标出。由图9-4还可以看出,疲劳裂纹在孔壁中间部位萌生,呈扇形向外扩展。

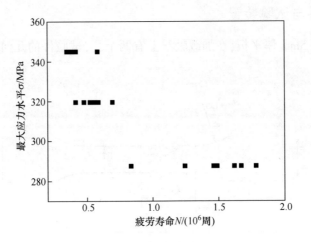

图 9-3 原始孔与冷挤压孔的 S-N 图

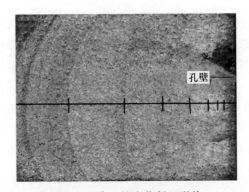

图 9-4 典型的疲劳断口形貌

9.3 开孔件疲劳裂纹扩展分析

标识谱线间距的变化反映了裂纹传播速率的大小。图 9-5(a)给出了不同应力水平下各个试件的疲劳裂纹长度随疲劳寿命的变化图,可以看出:疲劳裂纹长度随加载周次呈指数级上升。对于同一个裂纹长度,载荷越大需要的加载周次越低。

图 9-5(b)给出了在不同应力水平下的贝纹线间距,可以看出:①贝纹线间距随裂纹长度的增加而增大,这是由于裂尖应力强度因子随裂纹长度的增加而增大,从而导致较大的裂纹传播速率;②高应力下贝纹线间距比低应力下贝纹线间距要小,这是由于疲劳裂纹扩展速率随载荷的增大而加快;③在短裂纹阶段,

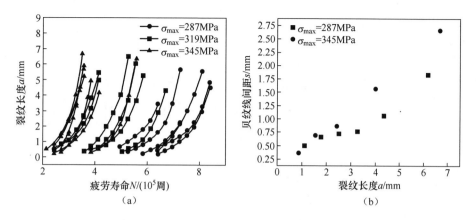

图 9-5 裂纹长度随疲劳寿命的变化图和贝纹线间距随裂纹长度的变化图
(a)裂纹长度随疲劳寿命的变化图;(b)贝纹线间距随裂纹长度的变化图。

载荷对贝纹线间距影响较小,即在短裂纹阶段,疲劳裂纹扩展速率对载荷不敏感。

基于 Paris 公式,图 9-6 给出了不同裂纹尺寸下疲劳裂纹扩展速率随应力强度因子幅双对数的变化图。对长裂纹和短裂纹数据点分别进行线性拟合,可以看出短裂纹拟合直线的斜率明显小于长裂纹拟合直线的斜率。这表明在短裂纹阶段,疲劳裂纹扩展速率对应力强度因子的敏感程度较低,这与第 2 章的有限元模拟结果一致。

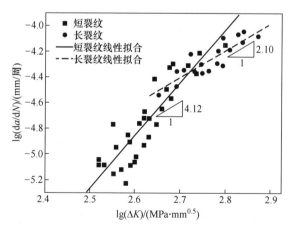

图 9-6 不同裂纹尺寸下疲劳裂纹扩展速率随应力强度因子幅双对数的变化图

采用 9.2 节的疲劳裂纹扩展双参数模型对疲劳裂纹扩展速率进行预测,并将预测结果与试验结果相对比,结果如图 9-7 所示。由图可以看出,采用双参数疲劳裂纹扩展模型预测的疲劳裂纹扩展数据能够与试验数据较好地吻合。相比 Paris 公式，双参数疲劳裂纹扩展模型能够更好地描述不同阶段的疲劳裂纹扩展规律。

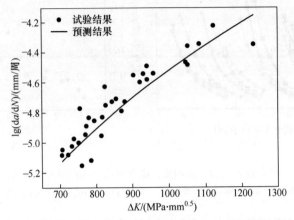

图 9-7 采用式(9-7)预测疲劳裂纹扩展速率与试验数据的对比图

9.4 小　　结

9.1 节通过理论分析，介绍了疲劳裂纹扩展双参数模型，研究了考虑应力强度因子幅和应力比的双参数模型，为后续的研究提供了理论基础；9.2 节对典型的开孔件开展了疲劳裂纹扩展试验；9.3 节采用疲劳裂纹扩展双参数模型对疲劳裂纹扩展速率进行了预测，并与试验结果做了对比。本章研究发现短裂纹下疲劳裂纹扩展速率对载荷不敏感，双参数模型可以较好地描述疲劳裂纹扩展。

参 考 文 献

[1] PARIS P C, GOMEZ M, ANDERSON W E. A Rational Analytic Theory of Fatigue[J]. Thend Eng, 1961, 13(1):9-14.

[2] ELBER W. Fatigue crack closure under cyclic tension[J]. Eng, Fract Mech, 1970, 2(1):37-45.

[3] ELBER W. The significance of fatiue crack closure[C]// Damage Tolerance in Aircraft Structures: ASTM STP486. Philadelphia: American Society for Testing and Materials, 1971: 230-242.

[4] VASUDEVAN A K, SADANANDA K, LOUAT N. Two critical stress intensities for threshold fatigue crack propagation[J]. Scripta Metal, 1993, 28:65-70.

[5] VASUDEVAN A K, SADANANDA K, LOUAT N. A review of crack closure, fatigue crack threshold and related phenomena[J]. Mater Sci Eng A,1994,A188:1-22.
[6] ZHANG J,HE X D,DU S Y. Analysis of the effects of compressive stresses on fatigue crack propagation rate[J]. International Journal of Fatigue,2006,29(9):1751-1756.

第 10 章 多轴疲劳寿命模型及应用

服役中的各种航空航天飞行器、压力容器、核电站、发电厂以及交通运输工具中的一些主要零部件通常起承受复杂的多轴比例与多轴非比例交互循环载荷的作用。这些复杂系统的突然失效往往会造成重大伤亡、经济损失和环境污染。由于大多数零部件处在多轴循环加载状态下,单纯利用传统的单轴疲劳理论来预测其疲劳损伤将会产生很大的困难,多轴疲劳寿命预估在结构设计过程中显得尤为重要。

本章通过有限元和相关试验技术,对 2024 铝合金反向双犬骨试件和斜搭接结构紧固孔进行了一系列研究分析,建立了多轴疲劳寿命模型,探索了多轴疲劳理论在紧固孔疲劳寿命预测中的适用性。

10.1 多轴疲劳寿命预报模型

一般来说,在工程实际中结构承担的载荷往往是复杂的,也就是说相应的主应力是非比例的,或者在一个加载周期内方向发生改变。在这种情况下,如何定义材料与结构的疲劳行为都成为学者关注的重要课题。早期处理复杂应力状态下的多轴疲劳问题时是将多轴问题利用静强度理论等效成单轴状态,然后利用单轴疲劳理论进行处理,这样的处理方法在处理比例加载下的多轴疲劳问题时是有效的。

很多实际工程结构和设备的重要结构零部件,是在非比例多轴加载作用下服役的。由于非比例加载下的疲劳行为远不同于单轴或比例多轴疲劳加载下的特性,尤其是在非比例变幅加载下,不能像单轴加载情况那样进行简单的循环技术。因此,单纯利用传统的单轴疲劳理论来预测其疲劳损伤将会产生很大的困难,多轴疲劳寿命预估在结构设计过程中显得尤为重要。

10.1.1 多轴疲劳理论发展历程

多轴疲劳失效准则根据加载状态参数可以分为三类,即基于应力、应变和能量的失效准则。在这些失效准则中,临界平面法应用较为广泛。近年来,由于其有效性和广泛适用性,临界平面法逐渐得到学者的重视。基于临界平面法的失效准则的最终目的是将多轴应力状态简化为等效的单轴应力状态。Stanfield[1]首先提出综合考虑材料内部某一固定平面(临界面)上的法向和切向应力,作为多轴疲劳失效准则。然而,这一概念起初并没有受到重视,直到20世纪50年代Findley[2]、Stulen和Cummings才首次提出了"临界"一词,并验证了基于临界平面法的疲劳应力准则。临界平面的概念首先被引入应力失效准则中,然后被引入应变准则和能量准则中。

基于临界平面概念的疲劳失效准则可以用来计算疲劳寿命和疲劳断裂面的位置。随着对疲劳现象研究的发展,提出了许多裂纹类型模型。对于不同的主裂纹类型,基于临界平面法的疲劳寿命算法也不相同。

疲劳失效过程可以分为不同的阶段。在单轴疲劳试验中,最常见的是将疲劳失效过程划分为四个时期:①疲劳裂纹形核;②裂纹在最大剪应力平面上增长;③裂纹沿垂直于拉应力的方向扩展;④最终断裂。

Forsyth[3]阐述了疲劳过程裂纹扩展的两阶段模型。第一阶段断裂面与最大剪应力面一致;第二阶段断裂面由最大法向应力控制,宏观裂纹线与最大法向应力垂直。疲劳裂纹扩展的第一阶段和第二阶段分别等同于疲劳失效的第二时期和第三时期。

在裂纹类型的分类方面,Irwin提出了Ⅰ型裂纹Ⅱ型裂纹和Ⅲ型裂纹,Brown和Miller提出了A型裂纹和B型裂纹。根据损伤控制机制,Socie[4]提出了三种裂纹类型:

类型A:裂纹沿最大剪应变方向扩展(第一阶段剪切裂纹增长);

类型B:裂纹沿垂直于最大法向应变方向扩展(第二阶段拉伸裂纹增长);

类型C:仅存在裂纹形核。

对于以上三种裂纹类型,Socie[5]提出了不同的疲劳准则。对于A型裂纹,提出了在最大剪应变平面上的最大剪应变和法向应变准则。对于B型裂纹,提出了最大法向应变平面上的最大法向应力和应变准则。对于C型裂纹,提出了最大剪应力平面上的最大剪切和法向应力准则。大多数学者认同裂纹萌生阶段的裂纹面与最大剪应力面一致,而在裂纹扩展阶段与最大法向应力平面一致。不同学者提出的每一阶段的裂纹长度和疲劳寿命取决于不同的因素。例如:对于阶段Ⅰ,类型A,Ⅱ型和Ⅲ型裂纹控制延性材料;对于阶段Ⅱ,类型B,Ⅰ型裂纹控制脆性材料。每一阶段的主导因素取决于材料对法向和切向应力引起的损伤机制的敏感程度。

一些学者认为,当剪切应力幅值与法向应力之比或者当剪应变幅值与法向应变之比大于一定值时,宏观疲劳断裂面为剪切类型,具体比值取决于材料、应力水平、加载分量与温度之间的关系。宏观断裂面取向一般无法通过临界平面取向来确定,两者只有在裂纹萌生阶段和扩展阶段的疲劳裂纹方向一致时才可用来比较。这种情况一般发生在特定的载荷和材料:例如,对处于脆性状态的材料或处于特定载荷情况下的中间态材料,在裂纹萌生和扩展阶段的裂纹方向均与最大法向应力方向一致。当萌生阶段裂纹方向与扩展阶段的裂纹方向不同时,临界平面的取向并不容易确定。在这种情况下,必须考虑裂纹萌生阶段和扩展阶段时间的影响,或者利用多个临界平面位置来计算疲劳寿命。

临界平面法被应用在多个多轴疲劳准则中。有学者注意到,在非比例加载条件下,在裂纹萌生阶段不同方向上的裂纹的数量要高于比例加载。这是由于主应力方向的改变在晶粒内部形成了更多的滑移带。

10.1.2 SWT 模型

对于高周疲劳,应变范围在材料的弹性范围内,计算寿命可以用 Basquin 方程,它受平均应力的影响。

Basquin 方程:

$$\left(\frac{\Delta\varepsilon_e}{2}\right) = \frac{\sigma_f' - \sigma_m}{E}(2N_f)^b \tag{10-1}$$

式中:σ_f' 为疲劳强度系数;σ_m 为平均应力;b 为疲劳强度指数。

对于低周疲劳,应变范围主要在材料的塑性范围内,计算寿命可以用 Manson-Coffin 方程,它不受平均应力的影响。

Manson-Coffin 方程:

$$\left(\frac{\Delta\varepsilon_p}{2}\right) = \varepsilon_f'(2N_f)^c \tag{10-2}$$

式中:ε_f' 为疲劳延性系数;c 为疲劳延性指数。

总应变-寿命方程为

$$\left(\frac{\Delta\varepsilon}{2}\right)_{total} = \frac{\sigma_f' - \sigma_m}{E}(2N_f)^b + \varepsilon_f'(2N_f)^c \tag{10-3}$$

Smith、Watson 和 Topper[5] 提出一个简单的损伤参数 SWT 模型,即疲劳损伤可以被描述为应力和应变的乘积 $\sigma_{max}\varepsilon_a$,结合 Basquin 方程和 Manson-Coffin 方程来确定单轴拉/压疲劳寿命:

$$W_a = \sigma_{max}\varepsilon_a = \frac{\sigma_f'^2}{E}(2N_f)^{2b} + \sigma_f'\varepsilon_f'(2N_f)^{b+c} \tag{10-4}$$

SWT 损伤参数经过修正后可以应用在含 I 型裂纹材料在多轴比例加载和非比例加载下的寿命计算,修正过程考虑了临界平面上的应力和应变。应用最为广泛的临界平面 SWT 参数形式是由 Socie[4] 提出的,考虑平面上的最大法向应变范围,同时考虑最大应力的影响,即

$$\frac{\Delta\varepsilon_{max}}{2}\sigma_{n.max} = \frac{(\sigma_f)^2}{E}(2N_f)^{2b} + \varepsilon_f\sigma_f(2N_f)^{b+c} \tag{10-5}$$

式中：b 为疲劳强度指数,取值为-0.124；c 为疲劳延性指数,取值为-0.59；σ_f 为疲劳强度系数,简化计算中是静拉伸断裂时的真应力；ε_f 为疲劳延性系数,简化计算中是静拉伸断裂时的真应变；$\Delta\varepsilon_{max}$、$\sigma_{n.max}$ 分别为临界面上的正应变和最大法向应力。

10.1.3 W-B 模型

Wang 和 Brown[4]考虑剪应变、平均应力对疲劳寿命影响,结合单轴 Manson-Coffin 方程,得到新的疲劳寿命预测模型：

$$\frac{\Delta\nu_{max}}{2} + S\frac{\Delta\varepsilon_n}{2} = A\frac{\sigma_f - 2\sigma_{n.mean}}{E}(2N_f)^b + B\varepsilon_f(2N_f)^c \tag{10-6}$$

$$A = (1+\mu_c) + (1-\mu_c)S$$
$$B = (1+\mu_p) + (1-\mu_p)S$$
$$S = 0.3$$

式中：μ_c 为材料泊松比；μ_p 为塑性情况下的泊松比,可取 0.5；$\Delta\nu_{max}$、$\Delta\varepsilon_n$ 分别为临界面上的剪应变和法向应变范围；$\sigma_{n.mean}$ 为临界平面上平均法向应力；其他参数与式(10-5)相同。

10.1.4 确定临界平面的数值计算方法

考虑到三轴应力状态下确定临界面方位角的复杂性,此处采用二维简化模型求解。二维应力/应变转换公式为

$$\sigma'_{11} = \frac{\sigma_{11}+\sigma_{22}}{2} + \frac{\sigma_{11}-\sigma_{22}}{2}\cos2\theta_i + \tau_{12}\sin2\theta_i \tag{10-7}$$

$$\varepsilon'_{11} = \frac{\varepsilon_{11}+\varepsilon_{22}}{2} + \frac{\varepsilon_{11}-\varepsilon_{22}}{2}\cos2\theta_i + \varepsilon_{12}\sin2\theta_i \tag{10-8}$$

$$\gamma'_{12} = \frac{\varepsilon_{11}-\varepsilon_{22}}{2}\sin2\theta_i - \varepsilon_{12}\cos2\theta_i \tag{10-9}$$

式中：σ_{11}、σ_{22} 分别为转换前的法向应力和切向应力；ε_{11}、ε_{22} 分别为转换前的法向应变和切向应变；θ_i 为临界平面角($0\leqslant\theta_i\leqslant180°$)；$\sigma'_{11}$、$\varepsilon'_{11}$、$\gamma'_{12}$ 分别为与 θ_i 协调的正应力、正应变、剪应变。

本章采用数值试算法,将转换前的应力应变代入式(10-7)、式(10-8)和式(10-9)。不断改变公式中 θ_i 值求出对应于新平面的正应力和正应变。θ_i 初值为 0°,增量为 1°,上界为 180°。

对于 Smith-Watson-Topper 理论,需要找到正应力的最大值,这时相对应的角 θ_i 为临界平面角,同时可以求出该临界平面上的正应变在时间历程上的变化范围。

确定 Smith-Watson-Topper 模型和 W-B 模型临界平面和损伤参数的流程如

图 10-1 所示。对于 Wang-Brown 模型,找到剪应变的最大值以及对应的临界平面角 θ_i,同时求出该临界平面上剪应变和法向应变在时间历程上的变化范围。

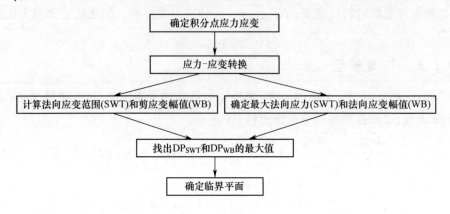

图 10-1 确定 SWT 模型和 WB 模型临界平面和损伤参数的流程

10.2 双犬骨试件多轴疲劳寿命预测

多轴疲劳临界平面法通常用来预测缺口件疲劳寿命。在远场载荷作用下,紧固孔一般处于多轴应力状态[6],因此可以用多轴疲劳理论进行紧固孔寿命预测。临界平面法一般是通过观察特定平面上疲劳裂纹的萌生与扩展来预测缺口件疲劳寿命,裂纹的扩展与取向取决于平面上的法向应力和应变[7],发生主要疲劳损伤的平面为临界平面。近年来,基于不同的疲劳损伤参数建立许多不同的疲劳模型[8-14]。Sum 等[15]利用(SWT)模型对简单和复杂接触条件下的接触疲劳寿命进行了预测。Banvillet 等[16]通过光滑试件的疲劳试验对五种多轴疲劳寿命预测模型的准确性进行了对比研究。

本节对 2024 铝合金反向双犬骨试件紧固孔疲劳行为进行了试验研究。根据有限元计算结果,分别利用基于 SWT 模型和 WB 模型的临界平面法对反向双犬骨紧固孔疲劳寿命进行了预测,并将预测结果和试验结果进行了比较,同时研究了预紧力对紧固孔疲劳寿命预测值的影响。

10.2.1 疲劳寿命预测

利用 ABAQUS/standard 有限元软件建立了三维弹塑性有限元模型,并进行计算。采用线性六面体减缩积分单元 C3D8R(三维八节点连续单元)进行网格划分。为了提高计算精度,对孔周网格进行了进一步的细化。考虑三种有限元模型,模型一端固定,另一端分别施加 130MPa、150MPa、170MPa 拉伸载荷。螺栓预紧力设定为6000N。

为了研究螺栓预紧力对紧固孔疲劳寿命的影响,在先前的模型中分别将预紧力设定为5000N、7000N、8000N和9000N。材料硬化采用各向同性弹塑性硬化模型。为了节约计算成本,采用小变形理论进行分析。此外,也采用了大变形理论进行分析(在分析步中,"Nlgeom"选项被选中),比较两种变形理论下结果的差异,以确定使用小变形理论的合理性。

在有限元模型中,定义以下四个接触:

(1) 上下板之间的接触;
(2) 螺栓与孔壁之间的接触;
(3) 螺栓沉头斜面与上板之间的接触;
(4) 螺帽与上板之间的接触。

在接触面法向采用弹性库仑摩擦,摩擦系数$\mu=0.3$。

疲劳试验采用2024铝合金材料,用沉头铆钉将两块双犬骨形状的铝合金板装配成反向双犬骨试样。在室温下,所有试件在伺服液压疲劳试验机(Instron 8802)上进行。试验共有21个试件,根据施加应力水平的不同分为A、B和C三组,每组7件。A组的最大远场拉应力为130MPa,B组的最大远场拉应力为150MPa,C组的最大远场拉应力为170MPa。应力比$R(\sigma_{min}/\sigma_{max})$为0.06,加载频率8Hz。所有试件采用自锁螺栓,试验所采用的预紧力为6000 N。

疲劳试验结束后,对所有断面进行了观测,并与有限元计算结果进行了对比分析,通过危险点处的应力预测了双犬骨试件的疲劳寿命。

10.2.2 疲劳寿命结果分析

10.2.2.1 疲劳寿命预测结果

典型的紧固孔断面如图10-2所示。由图可以看出,裂纹在上下板接触的孔边处萌生。有限元计算结果显示最大主应力也发生在同样位置处,如图10-3所示。

图10-2 典型的紧固孔断面(加载方向垂直于纸面)

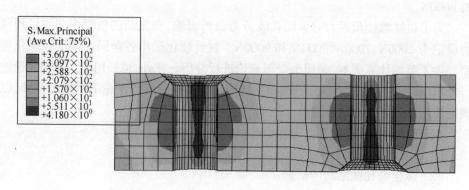

图 10-3 沉头紧固孔应力云图(铆钉被移除)

另外,当远场载荷为 170MPa 时,基于小变形理论下的最大主应力为 372MPa,而基于大变形理论下的最大主应力为 374MPa,因此可以认为小变形的假设是合理的。

节点 86 处应力最大,可以认为是危险点。因此,该处的应力可以用来预测反向双犬骨试件的疲劳寿命。试验疲劳寿命的平均值、变异系数以及疲劳寿命预测值如表 10-1 所列。由表 10-1 可以看出,由临界平面法预测的疲劳寿命能够与试验疲劳寿命较好地吻合。对于反向双犬骨紧固孔,在高周疲劳(HCF)下 SWT 模型精度要高于 WB 模型,而在低周疲劳(LCF)下 WB 模型精度要高于 SWT 模型。

表 10-1 反向双犬骨试件紧固孔试验结果、疲劳寿命和预测寿命的对比

应力水平/MPa	试验结果/次	变异系数	SWT 寿命/次	WB 寿命/次
130	227467	0.1080	393805	956807
150	118686	0.2521	116403	626295
170	81895	0.2405	28191	95236

10.2.2.2 螺栓预紧力对预测疲劳寿命的影响

采用多轴疲劳理论,对不同预紧力下的疲劳寿命进行预测。当远场拉伸载荷为 130MPa 和 150MPa 时,采用 SWT 模型进行疲劳寿命预测。当远场拉伸载荷为 170MPa 时,采用 WB 模型进行疲劳寿命预测。不同预紧力下的疲劳寿命的预测值如图 10-4 所示,由图可以看出,紧固孔疲劳寿命随预紧力的增大而减小。

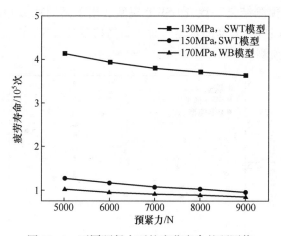

图 10-4 不同预紧力下的疲劳寿命的预测值

10.3 斜搭接结构紧固孔疲劳寿命预测

对于紧固孔搭接结构,载荷通过紧固件受剪和搭接板之间的摩擦力来传递。紧固孔连接件的应力分布较为复杂,国内外专家学者对其进行了大量的研究,但目前的研究主要集中在平搭接结构,对于斜搭接结构的疲劳行为却鲜有报道,尤其是斜搭接结构的细节设计在文献中尚未出现,有待进一步探索。

本节对机翼壁板斜搭接结构进行了一系列疲劳试验,并分别利用基于 SWT 模型和 WB 模型的临界平面法对其斜搭接结构的疲劳寿命进行了预测。

10.3.1 疲劳寿命预测

采用 ABAQUS 有限元软件建立了斜搭接的三维有限元模型。在进行网格划分时采用线性六面体减缩积分单元,即三维八节点连续单元(C3D8R)。在有限元模型中,孔周的网格进行了细化。在初始分析不中分别定义了接触面及其接触属性。模型中,在上搭接板一端采用固定约束,在下搭接板一端施加周期载荷。

基于有限元结果,对斜搭接结构进行多轴疲劳寿命的预测。基于不同的疲劳损伤参数,建立多轴疲劳损伤模型,根据有限元计算结果预测斜搭接紧固孔的疲劳寿命。

10.3.2 疲劳寿命预测结果

由图 10-5 可以看出,WB 模型预测寿命较低,趋向于保守,容易造成设计上的浪费;SWT 模型预测寿命稍微偏高,但与真实寿命更接近。这也与双犬骨试件紧固孔疲劳寿命的预测结果一致,即 SWT 模型适用于高周疲劳寿命的预测,而 WB 模型更适用于低周疲劳寿命的预测。对于斜搭接试件,SWT 模型比 WB 模型更能准确地进行寿命预测。

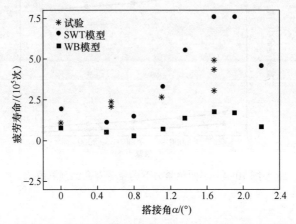

图 10-5　斜搭接结构搭接角对紧固孔疲劳寿命的影响

将斜搭接结构试验疲劳寿命与 SWT 多轴疲劳理论预测寿命进行对比,如图 10-6 所示。由图可以看出,大多数数据点均落在误差因子为 2 的分散带内,表明 SWT 模型的疲劳寿命预测结果是可靠的。

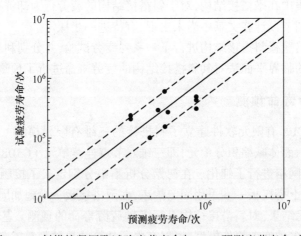

图 10-6　斜搭接紧固孔试验疲劳寿命与 SWT 预测疲劳寿命对比

10.4　冷挤压孔多轴疲劳寿命预测

冷挤压工艺已广泛应用于现代航空工业中,以提高开孔机身部件的疲劳性能。

为了适应紧固件,需要在板上钻孔,但这些孔会导致应力集中,从而产生疲劳裂纹[17-18]。这个问题可以通过在开孔附近产生周向压应力来缓解。众所周知,冷挤压会产生显著的塑性变形,并在卸载过程中孔表面周围产生周向压应力场。冷挤压可以通过几种不同的方法来进行,这些方法的主要区别在于在冷挤压过程中是否使用了衬套以及过盈芯棒的形状。两种较为常见的冷挤压方法是通过芯棒[19-20]进行的,分别为开缝衬套冷挤压工艺(使用锥形芯棒和润滑的开缝衬套)和开缝芯棒冷挤压工艺(使用润滑的开缝锥形芯棒)。

周向压应力对提高开孔疲劳寿命的影响已被许多研究验证[21-26],因此对周向应力场的分析和试验测量变得越来越重要。在试验中,盲孔法、X射线衍射法等NDT方法已被广泛用于压应力的确定[22-24]。同时,基于二维或三维模型的残余应力场有限元模型(FEM)等数值模拟方法也广泛用于该方面的研究。

De Matos 等[25]提出了铆钉孔冷挤压的数值模型,涉及模型类型、几何和边界条件,并对使用不同复杂程度的模型得到的结果进行了比较。Karabin 等[26]通过数值和试验方法研究了不同衬套设计对开孔应力集中行为的影响。Mahendra 等[27]开发了开孔冷挤压的三维有限元法,通过不同厚度的残余应力变化来捕获,并通过将孔的一侧依次扩大到另一边来实现孔的冷挤压。De Castro 等[28]对不同结构细节对残余应力、应力强度因子、载荷传递和疲劳裂纹扩展的影响进行了有限元分析。Liu 等[29]利用非冷挤压孔、冷挤压孔试样开展了一系列疲劳试验,评价了直接芯棒冷挤压工艺对开孔的疲劳寿命的影响,并采用有限元法分析了开孔周围的残余应力场。Liu 等[30]考虑到芯棒与孔壁摩擦的影响,对冷挤压孔进行了实验和数值模拟,研究了冷挤压孔的残余应力。Yan 等[31]通过试验研究了开缝衬套冷挤压对 TC4 钛合金疲劳行为的影响,研究发现残余压应力显著抑制了裂纹的扩展速率,特别是在短裂纹阶段。Ismonov 等[32]开发了开缝衬套冷挤压的三维有限元法,用来预测其残余应力场的结果。它涉及几何和材料的非线性,研究了摩擦力的影响和规定的边界条件。

本节对两组钛合金 TC4 冷挤压试样和非冷挤压试样进行了测试,以获得其疲劳寿命。同时,对冷挤压过程进行了有限元分析,并基于定性的有限元结果,分别用 SWT 方法和 WB 方法预测了非冷挤压孔和冷挤压孔的多轴疲劳寿命,并与实验结果进行了比较。

10.4.1 疲劳寿命试验

本节使用的钛合金为 TC4,开孔试样厚 5mm,冷挤压过程中的干涉量 i 选取 4%。冷挤压后,采用盲孔法来测量其残余应力。

采用容量为 250 kN 的电液伺服疲劳试验机(INSTRON 8802)进行开孔试样的疲劳试验。疲劳试验是在室温下进行的,共测试了 42 个开孔试样(21 个冷挤压孔和21个未冷挤压孔)。加载时的应力比为0.53,频率为10 Hz,恒定的最大应力水平分别设置为287 MPa、320 MPa和345 MPa。

10.4.2 多轴疲劳寿命预测

1. 有限元模型

采用有限元软件ABAQUS,建立了三维有限元模型(弹塑性模型)。此外,开缝衬套的存在会导致开孔板件孔边周向应力的不均匀分布。由于$X-Y$平面和$X-Z$平面的几何和载荷是双对称的,因此只需建立1/4模型。

在模型中,其对称面上的节点在垂直于对称面的位移和绕该平面内轴的旋转受到了限制。在开缝衬套和开孔板件的底面(挤出面)上约束了其在Z方向上的位移和绕Z轴的旋转。芯棒只在Z轴方向上是自由的。在开孔板件的末端施加了远场拉伸载荷。采用ABAQUS有限元软件单元库中的线性六面体简化积分单元C3D8R对模型进行网格划分,并对孔边单元进行了细化。在计算前,通过网格优化,以在不过度使用计算机时间的情况下获得令人满意的精度。

考虑到Bauschinger效应通常与高强度材料的过度应变有关,通过从单轴应力应变曲线中得到的屈服应力和塑性应变,将其输入模型中,同时在分析中考虑塑性区的变化。模型采用了ABAQUS有限元软件提供的各向同性硬化规则。数值模拟分两步实现:冷挤压分析步(带开缝衬套的芯棒穿过开孔板件)和拉伸分析步(加载端施加远场拉伸载荷)。

2. 疲劳寿命

本节通过试验,测量了干涉量为4%的纵向(X轴)和横向(Y轴)的周向残余应力值,其测量结果见表10-2。

表10-2 试验测量结果

测点	$\varepsilon_x/\mu\varepsilon$	$\varepsilon_{45}/\mu\varepsilon$	$\varepsilon_y/\mu\varepsilon$	σ_x/MPa	σ_y/MPa
1#	+6	-11	-56	+32	+78
2#	+43	+45	+140	-237	-165
3#	+31	+9	+63	-115	-91
4#	-13	-29	+11	-7	+11
5#	-15	-2	-5	+18	+26

非冷挤压孔和冷挤压孔的疲劳寿命结果如图10-7所示。根据疲劳应力水平,与非冷挤压孔相比,冷挤压孔的疲劳寿命增加了1.7~2.2倍。从图10-7中还可以看出,与非冷挤压孔相比,冷挤压孔的疲劳寿命分散性较小,这可能是因为开缝衬套的存在提高了开孔试样的质量。

3. 多轴疲劳寿命预测结果

与试验数据相比,预测的疲劳寿命如表10-3和表10-4所列。从结果中可以

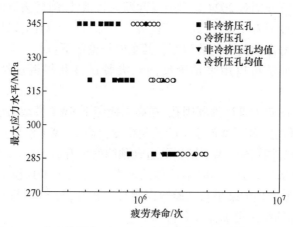

图 10-7 非冷挤压孔(NCE)和冷挤压孔(CE)试样的疲劳寿命

看出,SWT 模型预测的疲劳寿命大于 WB 模型预测的疲劳寿命。同时,WB 模型的预测结果与试验数据吻合较好。与 SWT 模型预测的寿命相比,WB 法计算的结果更加保守和可靠。

表 10-3 非冷挤压孔的疲劳寿命

应力水平/MPa	试验结果		SWT 模型	WB 模型
	均值	R95C95[33]		
287	1443804	1053215	1593210	1259734
320	698495	557438	728952	607527
345	516129	372980	689121	415803

表 10-4 冷挤压孔的疲劳寿命

应力水平	试验结果		SWT 模型	WB 模型
	均值	R95C95[33]		
287MPa	2432016	1727412	2528352	2018349
320MPa	1443659	982692	1709160	1108722
345MPa	1090363	862098	1697213	8732061

10.5 小 结

10.1 节通过理论分析,介绍了复杂应力下的多轴疲劳寿命预报模型,确定了多轴疲劳寿命预测模型的数值实现流程和计算方法,为后续的研究提供了理论基础。10.2~10.4节分别对2024铝合金反向双犬骨试件、斜搭接结构紧固孔和冷挤压孔进行了多轴疲劳寿命预测,并与试验疲劳寿命进行了对比,以探索多轴疲劳理论在紧固孔疲劳寿命预测中的适用性。其主要结论如下:

(1) 临界平面法可以用来预测反向双犬骨试件和斜搭接结构紧固孔疲劳寿命;

(2) 对于反向双犬骨试件紧固孔,在高周疲劳下SWT模型的预测精度要高于WB模型,而在低周疲劳下WB模型的预测精度要高于SWT模型;

(3) 对于斜搭接结构,SWT模型更适合预测疲劳寿命;

(4) 对于冷挤压孔,SWT模型预测的疲劳寿命大于WB模型预测的疲劳寿命;同时,WB模型的预测结果与试验数据吻合得较好;与SWT模型预测的寿命相比,WB模型计算的结果更加保守和可靠。

参 考 文 献

[1] GOUGH H J,POLLARD H V. The Strength of Metals under Combined Alternating Stresses[J]. Proceedings of the Institution of Mechanical Engineers,1935,131(1):3-103.

[2] FINDLEY W N. A theory for the effect of mean stress on fatigue of metals under combined torsion and axial load or bending[J]. Journal of Engineering for Industry November,1959,8(4):301-306.

[3] FORSYTH P J E. A two-stage process of fatigue crack growth[C]//Proceedings of the Symposium on Crack Propagation,Cranfield,1961(1):76-94.

[4] SOCIE D F. Multiaxial fatigue damage models[J]. Journal of Engineering Materials and Technology,1987,109:292-298.

[5] SMITH R N,WATSON P,TOPPER T H. A Stress-Strain Function for the Fatigue of Metals[J]. Journal of Materials,JMLSA,1970,5:767-778.

[6] FASH J W,SOCIE D F,MCDODWELL D L. Fatigue life estimates for simple notched component under biaxial loading[C]// Miller K J,Brown M W. Multiaxial Fatigue:ASME STP853. West Conshohocken:ASTM International,1985:497-513.

[7] YOU B R,LEE S B. A critical review on multiaxial fatigue assessments of metals[J]. Int J Fatigue,1996,18:235-244.

[8] CHU C C,CONLE F A,BONNEN F A. Multiaxial stress-strain modeling and fatigue life prediction of SAE axle shafts[C]// McDowell D L,Ellis R. Advances in multiaxial fatigue:ASTM STP1191. Philadelphia(PA):American Society for Testing and Materials,1993:37-54.

[9] LIU K C. A method based on virtual strain-energy parameters for multiaxial fatigue[C]// McDowell D L,Ellis R. Advances in multiaxial fatigue:ASTM STP1191. Philadelphia(PA):American Society for Testing and Materials,1993:67-84.

[10] TADEUSZ L,EWALD M,WŁODZIMIERZ B. A critical plane approach based on energy con-

cepts: application to biaxial random tension-compression high-cycle fatigue regime[J]. Int J Fatigue,1999,21(5):431-443.

[11] SOCIE D. Critical plane approaches for multiaxial fatigue damage assessment[C]// McDowell D L, Ellis R. Advances in multiaxial fatigue: ASTM STP1191. Philadelphia (PA): American Society for Testing and Materials,1993:7-36.

[12] MORROW J. Cyclic plastic strain energy and fatigue of metals[C]// Morrow, JoDean. Internal Friction, Damping, and Cyclic Plasticity: ASME STP378. West Conshohocken: ASTM International,1965:45-84.

[13] LIU J, KANG J X, YAN W Z, et al. Prediction of fatigue performance of fastener holes with bolt clamping force based on critical plane approach[J]. Mater Sci Eng A,2010,527:3510-3514.

[14] DING J, SUM W S, SABESAN R, et al. Fretting fatigue predictions in a complex coupling[J]. Int J Fatigue,2007,29:1229-1244.

[15] SUM W S, WILLIAMS E J, LEEN S B. Finite element, Critical-plane, fatigue life prediction of simple and complex contact configurations [J]. International Journal of Fatigue, 2005, 27: 403-416.

[16] BANVILLET A, LAGODA T, MACHA E, et al. Fatigue life under non-Gaussian random loading from various models[J]. International Journal of Fatigue,2003,26(4):349-363.

[17] GOPALAKRISHNA H D, NARASIMHA MURTHY H N, KRISHNA M, et al. Cold expansion of holes and resulting fatigue life enhancement and residual stresses in Al 2024 T3 alloy-an experimental study[J]. Eng Fail Anal,2009,17(2):361-368.

[18] CHAKHERLOU T N, SHAKOURI M, AGHDAM A B, et al. Effect of cold expansion on the fatigue life of Al 2024-T3 in double shear lap joints: experimental and numerical investigations [J].Mater Des,2011,33:185-196.

[19] SEMARI Z, AID A, BENHAMENA A, et al. Effect of residual stresses induced by cold expansion on the crack growth in 6082 aluminum alloy[J]. Eng Fract Mech,2012,99:159-168.

[20] PASTA S. Fatigue crack propagation from a cold-worked hole[J]. Eng Fract Mech,2006,74: 1525-1538.

[21] NIGRELLI V, PASTA S. Finite-element simulation of residual stress induced by split-sleeve cold-expansion process of holes[J]. J Mater Process Technol,2007,205:290-296.

[22] WU H. On the prediction of initiation life for fatigue crack emanating from small cold expanded holes[J]. J Mater Process Technol,2012,212:1819-1824.

[23] LARUE J E, DANIEWICZ S R. Predicting the effect of residual stress on fatigue crack growth [J]. Int J Fatigue,2006,29:508-515.

[24] CHAKHERLOU T N, VOGWELL J. The effect of cold expansion on improving the fatigue life of fastener holes[J]. Eng Fail Anal,2003,10:13-24.

[25] DE MATOS P F P, MOREIRA P M G P, CAMANHO P P, et al. Numerical simulation of cold working of rivet holes[J]. Finite Elem Anal Des,2005,41:989-1007.

[26] KARABIN M E, BARLAT F, SCHULTZ R W. Numerical and experimental study of the cold

expansion process in 7085 plate using a modifified split sleeve[J]. J Mater Process Technol, 2007,189:45-57.
[27] MAHENDRA BADU N C, JAGADISH T, RAMACHANDRA K, et al. A simplified 3D finite element simulation of cold expansion of a circular hole to capture through thickness variation of residual stresses[J]. Eng Fail Anal,2008,15(4):339-348.
[28] DE CASTRO P M S T, DE MATOS P F P, MOREIRA P M G P, et al. An overview on fatigue analysis of aeronautical structural details: open hole, single rivet lapjoint and lap-joint panel[J]. Mater Sci Eng:A,2007,468:144-157.
[29] LIU J, SHAO X J, LIU Y S, et al. Effect of cold expansion on fatigue performance of open holes [J]. Mater Sci Eng:A,2008,477:271-276.
[30] LIU Y S, SHAO X J, LIU J, et al. Finite element method and experimental investigation on the residual stress fifield and fatigue performance of cold expansion hole[J]. Mater Des,2010,31: 1208-1215.
[31] YAN W Z, WANG X S, GAO H S, et al. Effect of split sleeve cold expansion on cracking behaviors of titanium alloy TC4 holes[J]. Eng Fract Mech,2012,88:79-89.
[32] ISMONOV S, DANIEWICZ S R, NEWMAN J C, et al. Three dimensional fifinite element analysis of a split-sleeve cold expansion process[J]. J Eng Mater Technol,2009,131:031007- 1-8.
[33] YUAN X, YUE Z F, WEN S F, et al. Experimental and analytical investigation of fatigue and fracture behaviors for scarfed lap riveted joints with different lap angle[J]. Eng Fail Anal,2013, 33:505-516.